世界のビジネスエリートが身につける

教養としてのワイン

渡辺順子

ダイヤモンド社

はじめに

物議を醸した小泉元首相に出された白ワイン

2006年、訪米を果たした小泉元首相とブッシュ元大統領との仲むつまじい姿を世界中のメディアが取り上げました。エルヴィス・プレスリーの大ファンである小泉首相を、ブッシュ大統領がテネシー州メンフィスにあるエルビス邸へ案内。喜びのあまり浮かれる小泉首相とその様子に戸惑うブッシュ大統領の姿を、ワシントンポストが皮肉交じりに報道していたのが印象的でした。

その前日、ホワイトハウスでは、小泉首相の歓迎公式晩餐《ばんさん》会が開催されました。そこでは、クロ・ペガスがつくる白ワイン「ミツコズヴィンヤード」がサーブされました。クロ・ペガスとは、1984年にカリフォルニア州のナパヴァレー北部に広がるカリストガ地区に設立されたワイナリーです。ワイン名に「ミツコ」と記されている通り、オーナーご夫妻の奥様は日本人女性。味もさることながら、日本人がつくるワインということで歓迎の意を表わしたのだと思います。こうした心遣いから、小泉首相は最高のもてなしを受けたものと思われていました。

ところが、この蜜月な日米関係に対して、とあるインターネットサイト上に疑問が投げかけられました。

「Koizumiは歓迎されてないよ。なぜマヤを出さないんだ」

「マヤ」とは、日本人女性がオーナーを務める、ダラ・ヴァレ・ヴィンヤーズというワイナリーでつくられるワインです。マヤは最上ぶどうからつくられる高品質のワインであり、ダラ・ヴァレ・ヴィンヤーズの看板ワインとして扱われる特別な1本です。オークションでも人気であり、ワイン評論家のロバート・パーカー氏が100点満点を与えたトップクラスのワインでもあります。

もちろんその価格は高額なため、晩餐会用のワインとしては予算オーバーだったのかもしれません。しかし、フランスのサルコジ元大統領の晩餐会では、それに匹敵するほどのワイン「ドミナス」がサーブされました。ドミナスはフランスを代表する最高級ワインシャトー、ペトリュスのオーナーがカリフォルニア・ナパでつくる高級ワインです。このような事情もあり、「良好な日米関係をアピールするなら、クロ・ペガスだけでなく、ダラ・ヴァレ・ヴィンヤーズからもワインを選ぶべきだった」と物議を醸したのです。

2014年に訪米したフランスのオランド前大統領の公式晩餐会でも、ワインが大きな議論を呼びました。この晩餐会では、当時はまだ無名だった、ヴァージニア州のスパークリングワインがサーブされました。そして、無名のワインが出されたことを知ったフランス国民が、アメリカに大きなブーイングを浴びせたのです。

その頃、オランド前大統領は有名女優との不倫でゴシップ記事を賑《にぎ》わし、夫人を伴わず単独で公式晩餐会に出席していました。しかし、そうしたゴシップ以上にフランス国民たちはワインに興味を示したのです。フランス国民のワインに対する関心の高さにはとても驚かされました。

ゴールドマンサックスが「ワイン」を学ぶ理由

私は10年以上にわたり、ニューヨークのオークション会社クリスティーズのワイン部門にて、ワインスペシャリストとして多くの経営者や富裕層たちと関わってきました。そこでも、やはり欧米でワインが文化として根付いていることを痛感しました。美術や文学などと並び、重要な教養のひとつとして深く生活に浸透しているのです。学校からビジネスシーンまで、さまざまなところでワインの教育が重要視されています。

もちろんそれは、ワイン伝統国のフランスやイタリアだけの話ではありません。英国の名門大学、ケンブリッジとオックスフォードでは、60年以上にわたり、大学対抗のブラインドテイスティング大会が繰り広げられています。ブラインド対決にのぞむ学生たちは、日々ワインを嗜《たしな》み、味や香りを覚え、畑やヴィンテージ（ぶどうの収穫年）による微妙な違いを学んでいます。

スイスのボーディングスクール（全寮制の学校）では、16歳の女の子たちが10代にして、すでにぶどうの特徴、造り手のスタイルを理解しています。ワインが必須科目として授業に組み込まれ、10代からワインを学ぶ場が提供されているのです。友人同士が集まるランチの場でも、食事に合わせてそれぞれが好みのワインを選びます（スイスでは16歳からワインの飲酒が法的に認められています）。

アメリカでも、一流ビジネスパーソンたちがこぞってワインを学んでいます。ワインは単なる「お酒」ではなく、グローバルに活躍するビジネスパーソンが身につけておくべき万国共通のソーシャルマナーのひとつとして捉えられています。

特に国際色豊かなニューヨークでは、クライアントの接待などの際、テーブルに会する人は、皆白人とは限りません。最近ではアジア系やインド系の方もビジネスシーンの中心にいます。接待するホスト役にとって、異なるバックグラウンドを持つ人たちに適切なワインを選ぶのは至難のわざです。

ただし、そこでスマートに的確にワインをオーダーできたら、ビジネスを有利に進められることは間違いありません。接待される側も選ばれたワインについて気の利いたコメントができれば距離が縮まり、仲間意識も深まることでしょう。

ワインの知識は、ビジネスを円滑に進めるうえでの重要なツールであり、高い文化水準を兼ね備えるエリートであるかどうかの「踏み絵」としての役割も果たしているのです。

私がニューヨーククリスティーズで働いていたときには、ゴールドマンサックス社からの依頼で、社員にワインのレクチャーをおこなったこともありました。

彼らには、まず「最上級のワイン」とはどのようなものかを覚えてもらいました。ワインに慣れ親しんでいるロンドンやユーロ圏で働くエリートたちに気後れしないためには、何より「一流のワイン」を知ることが先決です。ボルドーやブルゴーニュ、ナパなど、一流の産地・造り手から生まれたワインの試飲会をおこない、一流のワインとはいかなるものかを知ってもらいました。

また、ぶどうの種類や産地といったワインの一般的な知識だけでなく、ワインにまつわるちょっとしたエピソードや豆知識を交え、ビジネスディナーなどで役立つ情報を多く盛り込みました。

最後のレクチャーをおこなった日、参加した社員が「世界のトップと仕事を進めるには、左脳を使ったビジネススキルと右脳を使ったワインのセンスが必要だ」とコメントし、その核心をついた言葉が今でもとても印象に残っています。

ワインは最強のビジネスツール

教養としてワインを身につけることは、幅広いジャンルを包括的に学ぶことにもなります。地理、歴史、言語、化学、文化、宗教、芸術、経済、投資など、ワインの知識は各分野に横断的に関わっているので、ワインを嗜むことで豊かな国際的知識も得られるのです。その多種多様な知識は、コミュニケーションツールとしての大きな武器ともなります。

特に欧米では、その知識は最強のツールとなります。政治や宗教はもちろん、多種多様な人種が暮らし、考え方もさまざまな欧米では、時事問題を気軽に話すことすら難しいのが現状です。また、ビジネスの場面でもインサイダーの意識が強いため、仕事の話も敬遠されてしまいます。

その際に、無難な話題としてあがるのが、スポーツ、アート、音楽、映画、そしてワインなのです。日常的にワインに親しむ欧米では、特にエグゼクティブなポジションの人との会話になればなるほど、私たちが思っている以上にワインが話題にあがってきます。

外国に駐在している人などはそれを肌で痛感しているようです。彼らはこぞってワインを学ぼうとしています。

ニューヨークの高級レストランでは、私たちの隣国、韓国の大手電子機器会社の社員たちがテーブルを囲み高級ワインを楽しんでいる光景をよく目にしました。お店のソムリエが、「5、6人の社員が頻繁にレストランを訪れては、ディナーとともに熱心にワインを勉強しているんですよ」と教えてくれました。アジア人である彼らも、アメリカで人脈を広げていくにはワインが必要不可欠だということをよく理解していたように思います。

さらに、ワインは人と分かち合うことで、よりその存在価値が発揮されます。1本のワインを共有し、感想を語り合うことで、連帯感と親近感が生まれます。次回はこんなワインを飲もう、今度ワイン好きの仕事仲間を紹介します——そんな具合にどんどんその輪が広がっていくのです。言葉がうまく通じなくとも、ワインという共通言語があればお互いの距離が縮まります。ワインは他のお酒と違い、人と人とをつなぐ不思議な力を持っているのです。

私自身、ワインを通じてビジネスやプライベートの人脈が大きく広がったと感じています。ワインコレクターとしても有名なマイケル・ロックフェラー氏や経済誌『フォーブス』のオーナーであるスティーブ・フォーブス氏ともワイン会でご一緒させていただきました。普通は気軽に話せない雲の上の方々でも、ワインがつなぐご縁で、国籍も社会的地位も関係なく一つのテーブルを囲み、共通の楽しみを分かち合えたのです。

このようにワインは、ビジネスの潤滑油として、そして交流を広げるツールとして機能します。日本においても、一流のビジネスパーソンたちは、すでにその事実を肌で感じ、ワインを学んでいるのが現状です。

もしあなたが、彼らとの会食で出されたワインに気の利いた一言を返せたら、彼らのために自分でワインを選ぶことができたら……きっと、今まで以上にその関係は進展するはずです。

本書では、この世界標準の最強のビジネスツール「ワイン」の知識を初心者の方にもわかりやすく解説していきます。初歩的な知識はもちろん、歴史やワインにまつわるエピソード、豆知識など、教養として身につけておきたい情報を多数盛り込みました。この1冊で、ビジネスパーソンとして最低限身につけておきたいワインの知識はほぼカバーできるはずです。

本書をきっかけに「ワイン」という最強の武器を身につけ、国内外を問わず交流を深め、ビジネスでの活躍シーンをさらに広げていただければと思います。

渡辺 順子

CONTENTS

神に愛された土地ブルゴーニュの魅力

フランスワインの個性的な名脇役たち

第2部 食とワインとイタリア

食が先か？　ワインが先か？

ヨーロッパが誇る古豪たちの実力

第3部 知られざる新興国ワインの世界

アメリカが生んだ「ビジネスワイン」の実力

進むワインのビジネス化

未来を担う期待のワイン生産地

初心者のためのワイン講義❽

国を知る

第1部

ワイン伝統「フランス」

EAUX WINE

世界を魅了する華麗なるボルドーワインの世界

フランスがワイン大国になった理由

ワインの歴史は非常に古く、6千年も7千年も前にはすでに存在していたようです。しかし、その発祥の地は定かでありません。メソポタミア文明の時代、現在のイラクあたりでシュメール人が初めてワインをつくったという説がある一方、現在のジョージア（旧グルジア）あたりでも最も古いとされるぶどう畑の痕跡が見つかっており、ワインの起源については、今もなおさまざまな憶測が飛び交っています。

いずれにしても、紀元前5000年ごろの遺跡からは、ワイン醸造に使われていたと思われる石臼や貯蔵のための壺が発見されており、人が集まってワインを飲んでい

BORD

た形跡も発見されています。人類の文明の発達に、ワインが少なからず貢献したのは確かでしょう。

紀元前３０００年ごろになると、ワインはエジプトへ渡ります。そして、一般の人々にとっては水の代わりとして、クレオパトラなどの王族にとっては美容のためとして、それぞれの生活に浸透していきました。ピラミッドの壁画にもはっきりとワインの圧搾機や貯蔵用の壺が描かれているように、この頃から徐々にワインが生活に密着した飲み物になっていったことがうかがえます。

紀元前1500年ごろに描かれたエジプトの壁画。上段にはぶどうを収穫する姿が、真ん中にはワインをつくる姿やワイン用の壺などが描かれている

その後、ギリシャへ伝わったワインは、大量生産が可能となり、地中海全域に広がっていきました。こうした背景から、今でも「ワインの基盤をつくったのは古代ギリシャ人だ」と主張するギリシャ人が多くいるようです。

ワイン伝統国フランスに初めてワインが伝わったのはローマ帝国時代のことでした。その普及に多大な貢献を果たしたのが、ローマの政治家であり軍人のジュリアス・シーザーです。

ローマ帝国の力が増し、その勢力をヨーロッパ各地に拡大していくなか、シーザーは痩せた土地でも栽培が容易なぶどうの特徴を生かし、遠征の先々でぶどうを植えさせ、地元の人々にワイン造りを伝えていきました。食べ物を十分に確保できない兵士たちのために、栄養補給として各遠征先でワインを与えたのです。ブルゴーニュ、シャンパーニュ、ローヌ、南仏など、ローマ軍の遠征先が有名なワイン産地となっているのはまったくの偶然ではないように思います。

そして、ワインの存在価値はイエス・キリストの登場により大きく変わります。イエスは「最後の晩餐」の中で、「ワインは私の血である」という有名な言葉を残しました。その結果、ワインは単なるぶどうからつくられたアルコール飲料ではなく、「聖なる飲み物」として、神聖で貴重なものとして扱われるようになるのです。

キリスト教の布教とともに、ワインは瞬く間にヨーロッパ全域へと広がりました。キリスト教の勢力増大に伴い、各地で教会が建てられ、ワインはキリストの分身として教会のミサでも使用されるようになり、教会や修道院でもワインが醸造されるようになっていきます。そのため、今でもカトリック教会の総本山であるバチカン市国は、一人当たりのワイン消費量が世界一となっています。

ヨーロッパでルネサンスや宗教改革が起こる時代に入っていくと、ワインはさらにその需要を増していきました。

この頃、高級シャンパン「ドン・ペリニヨン（ドンペリ）」誕生の発端となった発泡性ワインが偶然出来上がり人気を博します。この発泡性ワインの収入が修道院や教会の運営を助け、多くの宗教芸術が生み出されました。その結果、ますますキリスト教信者は増え、ワインの需要も一段と伸びていったのです。

そして18世紀に入ると、ワインはヨーロッパの王侯貴族に愛されたことで、大きな発展を遂げることになります。皇帝や貴族たちは、こぞって高級ワインを求め、華やかな宮廷文化をワインが彩りました。

フランスの王侯貴族たちも、飲んでいるワインであからさまに自分たちの存在をアピールしました。ファッションやヘアスタイルを過激なまでに競い合ったように、ワインでも他の人より少しでも高級なものを求めたのです。

当時、アメリカ公使としてフランスに駐在していたトーマス・ジェファーソンは大のワイン好きとして有名でしたが、彼のお気に入りのワイン「ラフィット」や「ディケム」は、常にヴェルサイユ宮殿から大量の発注があり、入手困難になっていたと伝えられています。

それまで壺や容器での保管が主流だったワインが、熟成可能なコルク栓のワインボトルに保管されるようになったのも、この頃からです。ワインは徐々に価値ある「財産」となり、上流階級の人々の所有欲を駆り立てました。

ワイン伝統国のブランドを守る「AOC法」

こうして、ワインはますますその需要を増していきました。それとともにフランスにもたらされたワイン産業も大きく成長を遂げ、今ではフランスが誇る一大産業として世界を魅了しているのです。

しかし、なぜヨーロッパ各地に広がったワインが、とりわけフランスでこれだけ発展したのでしょうか。ここには歴史上の経緯や地理的な理由などさまざまな要因が隠されていますが、大きな理由としては、フランスが国をあげてワインの品質やブランドを法律で守ってきたことがあげられます。

ワインが一大産業となったフランスでは、法律でワインの品質を厳しく管理しました。1905年には生産地名の不当表示を取り締まる法律を制定し、1935年には産地のブランドを守るための「ＡＯＣ法（原産地統制呼称法）」を制定しています。使用可能なぶどう品種や最低アルコール度数、ぶどうの栽培・選定方法や収穫量、ワインの醸造方法や熟成条件まで、産地ごとのルールを細かく定めたのです。

ＡＯＣに認定された畑は、気候条件に人為的に手を加えることも禁止され、どんなに降水量が少なくても水をまけません。そのため、各年の気候がダイレクトに出来栄えに反映されます。

こうした国による厳しい管理によりワインの品質とその土地の個性が保たれ、伝統国としてのブランドが守られてきたのです。これらの規制をクリアしたワインには、ラベルにＡＯＣをクリアした旨を表記でき、国のお墨付きワインとして売り出せるわけです。

ここでかんたんにフランスのＡＯＣ表記の見方を説明しておきましょう。

ＡＯＣの基準を満たしたものはラベルにそれを記載できますが、単に「ＡＯＣ」と書いてあるわけではありません。ラベルには、「Appellation《アペラシオン》 ○○ Contrôlée《コントロレ》」と記載されており、この「○○」の部分に産地が入ります。

たとえば、ＡＯＣで定められたボルドー地方の規定をクリアしたワインであれば「Appellation Bordeaux Contrôlée」と記載できるわけです。さらに、ボルドー地方のメドック地区の規定をクリアすると「Appellation Medoc Contrôlée」と記載でき、基本的には地域が狭くなればなるほど規定も細かくなるため、そのワインの格は高くなります。

　また、必ずしもAOCに入るのは地域名だけではありません。村名の場合もありますし、畑名が入ることもあります。この場合、地域がより限定されているので、さらに格は上がります。

　なお、2008年にヨーロッパのワイン法が改正されたことで、それ以降につくられたワインには「AOP」となっているものもあります。「Appellation ○○ Protégée《プロテジェ》」という表記です。いずれにしても、これらの表記があるワインは、その地域や村、畑を名乗るための条件を満たした、質の高いワインということになります。

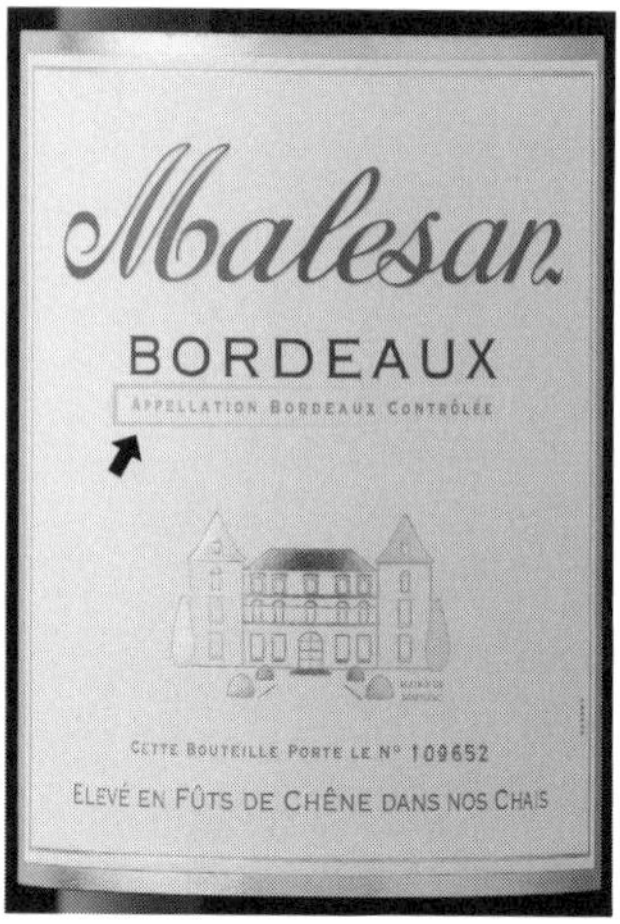

AOCが表記されたフランスワインのラベル。
ここで生産地域がわかる ©Groupe Castel

　また、AOC法とは関係ありませんが、ワインによっては「VIEILLE《ヴィエイユ》 VIGNE《ヴィーニュ》」と書かれたものがあります。これは、「樹齢の高い樹から取れたぶどうを使っている」ことを指します。ワインの評価は、若い樹よりも古い樹から取れたぶどうのほうが高くなるので、こうした表記を記載しているのです。ただし、「VIEILLE VIGNE」は、法律で「○年以上の樹を使用している場合、そう記載していい」と定められているわけではないので、あくまで参考程度に見るのがよいでしょう。

近年人気を集めている「ビオワイン（自然派ワイン）」についても、一部のフランスのビオワインには「AB（AGRICULTURE BIOLOGIQUE）」マークがついているため、このマークでも見分けることができます。

なぜボルドーワインは、世界的に有名になれたのか？

こうして質の高いワインを生み出すフランスには、有名ワイン産地がいくつもあります。ボルドー、ブルゴーニュ、シャンパーニュ、ロワール、アルザス、ローヌなど、フランス全域にわたって多くのワイン生産地が存在するのです。

その中でも、特にフランスワインを語るうえで欠かせないのがボルドー地方です。ワインに詳しくない方でも、ボルドーという名前を一度は耳にしたことがあると思います。

ボルドーとは、高級赤ワインを産出するフランス南西部に位置する最高峰のワイン銘醸地です。「ボルドー＝高級赤ワインの産地」という認識は、日本国内のみならず世界的にもそのブランドが確立されています。

現在、各国で開催されている主要なワインオークションでも、出品されるワインのうち70％以上はボルドーで生まれた赤ワインです。ボルドーでは、見渡す限りぶどう畑が広がっており、大きな生産量を誇るため、オークション市場にも流通しやすいのです。ワインオークションでは、世界中のコレクターたちがお目当てのボルドーワインを血眼になって競り合う姿がお馴染みの光景になっています。

■フランスの主なワイン産地

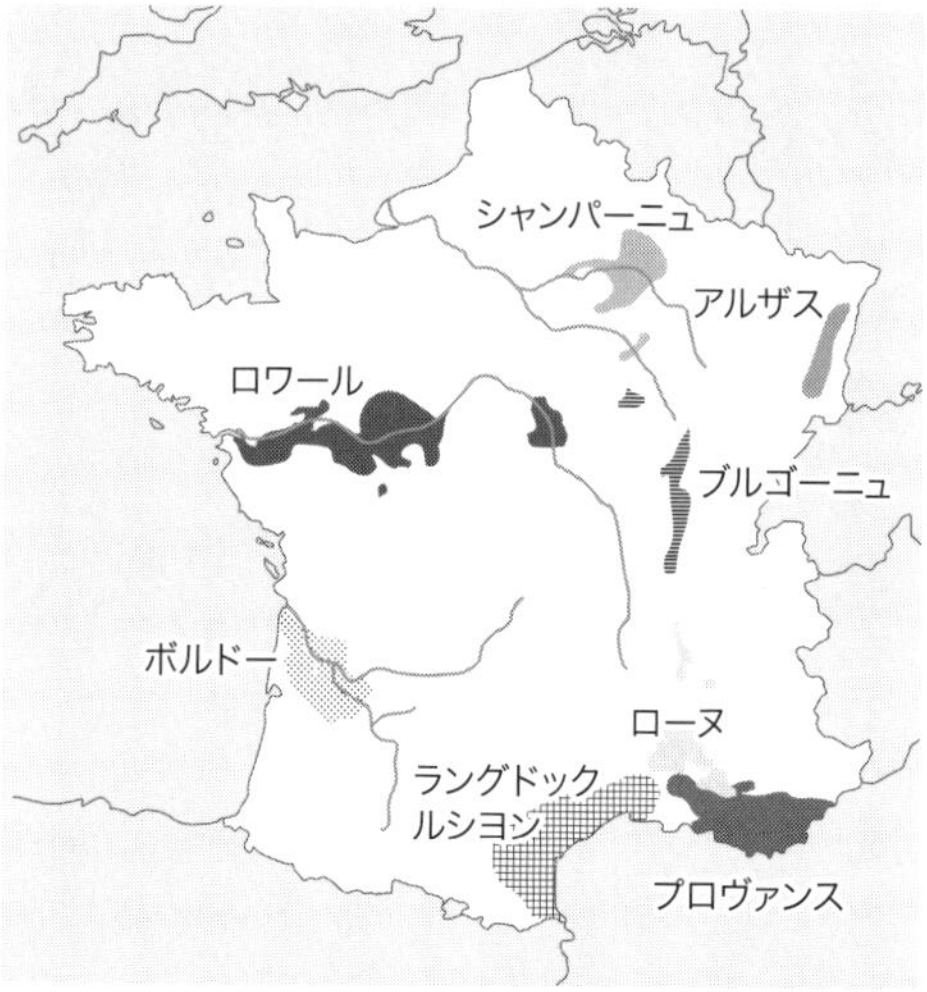

90年代半ばからワインブームが起こったアメリカでもボルドーワインの人気はうなぎのぼりで、それ以降はオークションが開催されるたびに世界最高落札価格が更新されていたほどでした。来歴がしっかりしたワインであれば、いつでもどこでも売

却可能であり、投資目的で何ケースも購入されるのもボルドーワインの特徴です。

ボルドーワインの発祥は、ローマ帝国時代にまでさかのぼります。ワインがフランスに伝わったのもローマ帝国時代でしたが、ローマ軍はボルドーを侵略し、食料確保のためにボルドーにもぶどうを植え、積極的にぶどう栽培をおこないました。

ボルドーの土壌は「砂利質《じゃり》」で土地は痩せていますが、水はけがよく、ぶどうの栽培には最適な環境です。気候も日射量も、ぶどうの生育にはピッタリでした。

さらに、ボルドーは町中を流れるガロンヌ川のおかげで、ワインの輸送にも便利な土地柄でした。当時、ワイン生産に欠かせない条件は、土壌と気候、そしてワインの「運搬の容易さ」でしたが、ボルドーはその条件をすべてクリアしていたのです。ちなみに、川と言ってもガロンヌ川は幅が広く、水深も大型船が航行可能な深さです。

1152年には、当時ボルドー地方を支配していたアキテーヌ公の娘エレノアがイングランド朝を築いたヘンリー2世と結婚し、イギリスにもボルドーワインが伝えられました。ロイヤルファミリーを中心に、イギリスで質の高いワインが求められるようになった結果、ボルドーではワインをすぐに船に積み込めるよう、醸造所や貯蔵庫が川岸に建てられるなど、ワイン醸造地としての整備がさらに進みました。

こうしてボルドーでは、移動中に起こるワインの劣化や酸化を減らすことに成功し、他の産地が頭を悩ませていた輸送の問題を解決したのです。その結果、大量のボルドーワインがアルコール好きのイギリス人のもとへと流れ、経済的に大きな恩恵を受けたボルドーでは、ますますワインビジネスが発展していったのでした。

その後、ボルドーワインは北欧、ロシアへも送られていきました。北欧のロイヤルファミリーやロシア皇帝にも愛されたボルドーワインは、その人気をますます拡大していったのです。

ボルドーワインとネゴシアンの密な関係性

ボルドーワインの買付や取引をおこなっていたオランダ商人も、その発展に大きく寄与しました。東インド会社を設立し、アジアとの貿易で勢力を伸ばしていたオランダ商人たちは、積極的にボルドーワインを買い付け、各国と貿易を進めていったのです。

また、彼らはボルドーへ灌漑《かんがい》技術も伝え、ボルドーに広がっていた沼地をぶどう畑に変えていきました。現在、ボルドーで大量にぶどうが栽培され、多くのワインが生産されるのは、当時のオランダ人たちがぶどう畑を増やし、大量生産を可能にしたからなのです。

大量生産が可能になり、販売量も増えたボルドーは、一気に大都市へと成長を遂げることになります。裕福な貴族たちはボルドーに集まり、どんどんワインビジネスを始めていきました。ワイン産業で大儲けしたシャトー（生産者）や商人たちも上流階級の仲間入りを果たし、ボルドーの町自体も文化的に変わっていったのです。

一般的に「ボルドーワイン」と一括りにされていたワインも、より質の高いワインを求める王侯貴族のためにシャトーごとにブランドが確立されていきました。

各国の王侯貴族たちは高級シャトーの名がつけられたワインを求めるようになり、シャトーも彼らにより高くワインが売れるよう、セールスをアウトソーシングするようになります。ワイン取引を専門に請け負う会社「ネゴシアン」の誕生です。

シャトーは、契約したネゴシアンにエクスクルーシブ（独占販売権）を与え、シャトーのワインはすべてネゴシアンを通じて販売される仕組みをつくったのです。

人気シャトーや中堅クラスのシャトーの輸出・販売を手掛けるネゴシアンとクルティエは人気商売となっていきました。ネゴシアンはシャトーの仲買人、クルティエはシャトーとネゴシアンを結ぶ仲介人といった立ち位置です。

当時のネゴシアンは、シャトーのセールスやマーケティングまでを一手に引き受けるプロデューサーとしての側面もありました。瓶詰め、ラベル貼り、輸送の手配、そしてお客様の要望に合わせてシャトーごとのワインをブレンドして売ることもしていたのです。ブレンドして瓶詰めしたボトルに、ネゴシアン独自のラベルを貼り、特別なワインとして売り出すこともありました。当時のネゴシアンは、かなり立場が強かったのです。

■ボルドーワインの流通経路

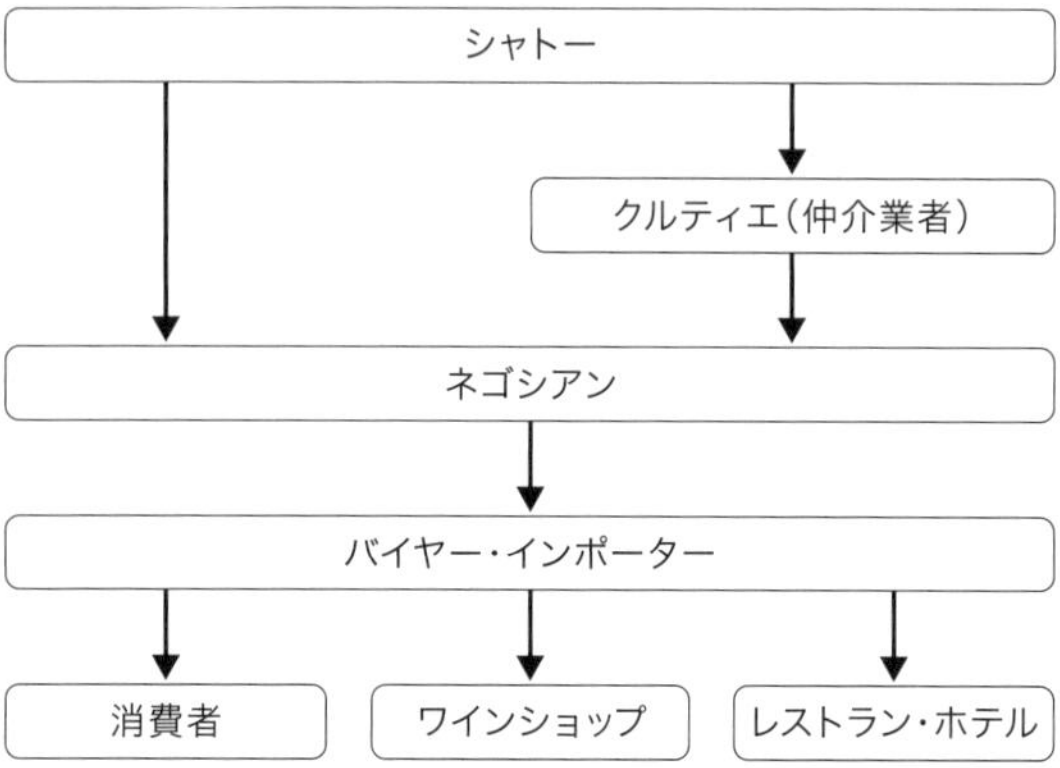

現在、ボルドーには約７５００のシャトーに対し、ネゴシアンは４００社、クルティエは１３０社ほど存在すると言われています。今もネゴシアンたちは、各シャトーからワインのアロケーション（割り当ての本数）をもらい、独自の販売網へ卸しています。

こうしてボルドーでは、ネゴシアンがワインを管理し、さまざまな国へ販売をしていく仕組みが整えられていきました。彼らとうまく手を組んだボルドーは、恵まれた立地条件も生かし、ワインの輸出で大きく発展していったのです。

ナポレオン3世によって生まれた「ボルドー5大シャトー」

19世紀中ごろ、ボルドーワインを世界に知らしめた歴史的な出来事がありました。それが「メドック格付け」です。現在、ボルドーでは地区ごとにシャトーを格付けし、その優劣を定めています。つまりメドック格付けとは、メドック地区にあるシャトーの優劣を定めたもので、ここでは赤ワインをつくるシャトーに1~5級の5等級で格付けがなされました。

メドック地区とは、ボルドー市から北に向かって伸びる区域を指し、フランスの中でも高級ワイン生産地にあたります。正確にはメドックとオーメドックという産地に分かれていますが、一般的には両地域を合わせてメドックと呼びます。AOCの表記でもよく目にするマルゴー（Margaux）、サン・ジュリアン（St-Julien）、ポイヤック（Pauillac）などのコミューン（村）もこの地域にあるのです。

メドック格付けが定められたのは、1855年に開催されたパリ万国博覧会のことでした。世界中から集まる人々に向けて、皇帝ナポレオン3世がメドック地域で生まれたボルドーワインの格付けをおこなったのです。格付けの判断基準は、ワインの品質はもちろん、当時のシャトーの規模や流通量などをもとに選ばれました。

700から1000シャトーがエントリーされたと言われるなか、見事、最もランクの高い1級に選ばれたのは「シャトー・ラフィット・ロスチャイルド（ロートシルト）」「シャトー・マルゴー」「シャトー・ラトゥール」「シャトー・オー・ブリオン」の4シャトーです。

シャトー・ラフィット・ロスチャイルドは、フランスで最も歴史あるシャトーのひとつです。1670年代にはすでにぶどう栽培とワイン醸造が本格的におこなわれていて、その長い歴史の中でたくさんのラフィット愛好家を生み出しています。

シャトー・ラフィット・ロスチャイルド

ルイ15世の愛妾《あいしょう》ポンパドゥール夫人がブルゴーニュワインを宮廷で禁止した際に（詳しくは後述）、ヴェルサイユ宮殿で若返りドリンクとして大ブレークしたのもこのラフィットでした。

また、第3代アメリカ大統領のトーマス・ジェファーソンも、大のラフィット好きとして知られています。20世紀後半には、彼が所有していたとされる1787年産のラフィットが見つかり、その真贋《しんがん》を巡り大きな論争が起きました。この騒動は後にハリウッドスターのウィル・スミスが映画化の権利を買い取り、ブラッド・ピット主演で話が進みましたが、偽物を買ってしまったアメリカの大富豪が自身の名誉のために権利を買い取り、映画化はお蔵入りとなっています。

シャトー・マルゴーも、多くの偉人たちに愛された歴史あるシャトーです。アキテーヌ（現在のボルドー周辺）がイングランドの領地だった時代（12世紀ごろ）に、マルゴーは歴代のイングランド王に愛され、その品質を上げていきました。

シャトー・マルゴー

ヴェルサイユ宮殿でもマルゴーの人気は高く、宮殿内はラフィット派とマルゴー派に分かれていたほどです。ポンパドゥール夫人がラフィット好きだったのに対し、次の愛妾デュバリー夫人は宮廷にマルゴーを持ち込み競い合っていたようです。

マルゴーはその味わいやシャトーの風貌

から、女王然とした趣があります。しっかりとした骨格ですが、ベルベットやシルクのような柔らかな口当たりが特徴的で、若い頃は力強くパワフルな味わいで男性的なワインと称されますが、熟成とともに物腰が柔らかくなりエレガントで女性的なワインへと様変わりします。

シャトー・ラトゥールは、現在、グッチのオーナーであり、クリスティーズのオーナーでもあるフランソワ・ピノー氏の会社が所有しています。

豊富な資金力を持つラトゥールは、最新設備・最新技術を整えており、コンピューターで温度管理をおこなったり、タンクによって味のばらつきが出ないように特大のタンクで一度にブレンドしたりするなどしています。

シャトー・ラトゥール

ちなみに、ラトゥールをクリスティーズのオーナーが所有していたこともあり、クリスティーズのオフィスにはラトゥールが常備されていました。そのため、テイスティングと称しては、たびたびスタッフがラトゥールを飲みながらランチをとっていたのですが、今思えば、私の生涯で最も贅沢なランチだったかもしれません（サンドウィッチにラトゥールを合わせていたことは、ワイン関係者としてはあるまじき行為だったと反省していますが……)。

シャトー・オー・ブリオンは、選ばれた4つのシャトーのうち、唯一審査の対象となるメドック地区のシャトーではありませんでした（グラーヴ地区のペサックレオニャンに位置していました）。しかし、1500年代からワインの醸造をおこなっていた由緒あるシャトーとして例外が認められたのです。

現在、シャトー・オー・ブリオンはルクセンブルクの王室が所有しています。最近では、このシャトー内で1423年にぶどうの栽培がおこなわれていた記録が発見され、最も歴史あるシャトーとしても話題になりました。

シャトー・オー・ブリオン

この格付けは150年経った今もほとんど変更なく続いていますが、1973年に大きな変化がありました。2級にランクされていたシャトー・ムートン・ロスチャイルド（ロートシルト）が、1級へと昇格したのです。

イギリス系ロスチャイルド家が1853年に買収したムートン・ロスチャイルドは、品質も規模も申し分なく、パリ万博の格付けの際には、必ず1級を取ると言われていました。それにもかかわらず、2級に格付けされてしまったのは、格付け直前にイギリス人の所有になったことが大きな理由だと言われています。

しかし、2級には甘んじていないロスチャイルド家の当時のオーナー、フィリップ男爵は、ぶどうの栽培や醸造方法を徹底的に改善し、政治家への積極的なロビー活動をおこないました。そして、ついに1973年に見事1級に昇格することになったのです。

シャトー・ムートン・ロスチャイルド

ムートン・ロスチャイルドは、オークションでも多くの伝説を残しています。2004年には、クリスティーズ・LAのオークションに今世紀最高の傑作と言われる1945年産のムートン・ロスチャイルドが木箱入り（12本入り）で出品されました。来歴は申し分なく、醸造からずっとシャトーで保管されていた、最高の条件を兼ね備えた逸品です。

オークション当日は、朝からそのワインを落札しようとするバイヤーたちで熱気に包まれました。そしてハンマーが打たれたのは、予想価格をはるかに上回る30万ドルでした。新たな最高落札価格が生まれた瞬間です。

しかし、それだけでは終わりません。続いて出品された同じ銘柄のマグナムボトル6本木箱入りは、なんと35万ドルで落札されます。ムートン・ロスチャイルドは、1回のオークションで2度記録を塗り替えるという偉業を成し遂げたのです。2004年当時はどのメディアも「Crazy（馬鹿げている）」と表現しましたが、今ではその価格をはるかに上回る価格で取引されています。

私も幸運なことに45年産のムートンをいただく機会に恵まれましたが、ワインの味はこんなにも変化するものだと改めて教えられた1本でした。

空気に触れさせるためにグラスを1度回すだけで、香りも味も変わってしまいます。どの味が本当のムートンの45年なのかわからないほど、さまざまな顔を見せたワインでした。

ムートン・ロスチャイルドを含む、これら5つのシャトーは「ボルドー5大シャトー」と呼ばれています。5大シャトーは、他のシャトーが及ばない歴史と絶対的な品質を備えています。

長い歴史の中で、レジェンドと呼ばれる傑作ワインを残したのも5大シャトーの特徴です。1945年のムートンをはじめ、1870年と1953年のラフィット、1900年のマルゴー、1961年のラトゥール、1945年と1989年のオー・ブリオン。どれも世界中のコレクターが欲しがる傑作です。

ちなみに、2級には14のシャトーが選ばれました。2級と言っても、スーパーセカンドと呼ばれる1級に近い品質を誇るシャトーもあります。「シャトー・ピション・ロングヴィル・コンテス・ド・ラランド」「シャトー・レオヴィル・ラス・カーズ」「シャトー・コス・デストリューネル」などが選ばれており、これらのワインもオークションで人気の銘柄です。

特に、評論家が大絶賛した1982年のピション・ロングヴィル・コンテス・ド・ラランドは、毎年10~20%も落札額が上がっています。どれだけ技術が発達しても、1982年産と同じワインはつくれないので、必然的に価格はどんどん上がっていくのです。

1本のぶどうの樹からグラス1杯!?
貴腐ワインの銘醸地ソーテルヌ

ボルドーには、メドック地区以外にも有名な産地がいくつもあります。ボルドーを流れるガロンヌ川は市の北部でドルドーニュ川と合流し、ジロンド川となって大西洋にそそぎます。その流域に沿ってぶどう畑が広がっているのです。

ジロンド川左岸にはメドック地区が、ガロンヌ川左岸にはグラーヴ地区、バルザック地区、ソーテルヌ地区が、ドルドーニュ川右岸にはサンテミリオン地区とポムロール地区があります。

ガロンヌ川の左岸に位置するグラーヴ地区は、良質なワインをつくる産地

■ボルドーの主な生産地区

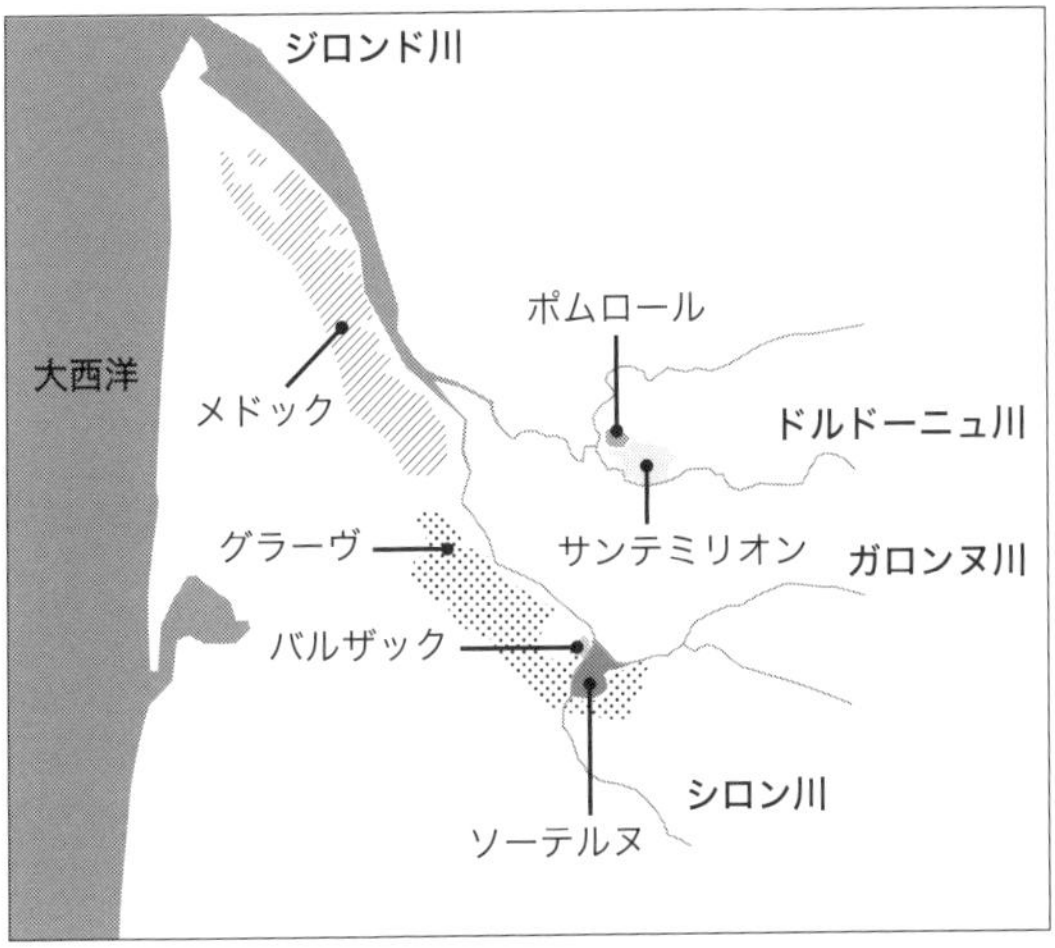

のひとつです。グラーヴという地名はフランス語の「砂利」に由来し、砂利質の土壌でつくられるグラーヴのワインは、果実味が豊富で力強い味わいが特徴的です。グラーヴ地区には、唯一メドック地区以外から5大シャトーに選ばれたシャトー・オー・ブリオンをはじめ、有名なシャトーがいくつも存在します。赤でも白でも良質のワインをつくる、世界でも珍しい生産地としても有名です。

また、同じガロンヌ川左岸には、貴腐ワインの産地・ソーテルヌ地区も広がります。ソーテルヌでは、近くを流れるシロン川とガロンヌ川の温度の違いで朝霧が発生します。その朝霧によってぶどうに付着した貴腐菌がぶどうの皮を破って水分を吸い取り、糖分だけが残ったぶどうをつくり出すのです。

見た目はあまり美味しそうではありませんが、その甘さはとろけるような極甘口。どんなパテシエでも表現できないこの極甘のぶどうを使った貴腐ワインは、まさに自然が生んだ奇跡の逸品だと言えます。

ソーテルヌにも独自のシャトー格付けがあり、「プルミエ・クリュ・シュペリユール」、「プルミエ・クリュ」、「ドゥジェム・クリュ」という順でランク付けがなされていますが、ソーテルヌで唯一、最高ランク「プルミエ・クリュ・シュペリユール」を獲得しているのがシャトー・ディケムです。

シャトー・ディケムの歴史は15世紀にまでさかのぼります。長い歴史の中ではディケムの所有権をイギリスとフランスが奪い合ったこともありました。百年戦争でフランスが勝利した後、1453年にはフランス国王シャルル7世の手中に収まります。その後、ディケムは国に所有される時代が長く続きました。

しかし1711年、国王からディケムの管理・共同所有を認められたソヴァージュ家がディケムの権利をすべて買い取り、その後はリュール・サリュース家が単独の所有者となりました。そのため、ディケムのラベルには長らくリュール・サリュースと表記されていましたが、1999年にはLVMH（モエヘネシー・ルイヴィトン）グループの傘下となったため2001年産からの表記は「Sauternes（ソーテルヌ）」に変更されています。ちなみに2001年産は、1921年産以来の傑作を生み出したとされる記念すべきヴィンテージです。

最高級貴腐ワインのディケム

ディケムの土地には、貴腐ワインがつくられるべき条件をすべて兼ね備えたテロワール（ぶどうが育つ自然環境のこと）が整い、1本のぶどうの樹からグラス1杯しかつくれない希少性の高い貴腐ワインを年間約10万本も生産しています。ぶどうの収穫も房ではなく粒ごとに手摘みでおこない、さらには150名以上の熟練者が貴腐菌のつき具合を見ながら何度かに分けて収穫するのです。世界最高峰と言われる甘美な味の舞台裏では、大変な労力を要する作業がおこなわれているのでした。

ディケムの貴腐ワインは、年を追うごとに色合いが麦わら色から琥珀色へと変化していきます。パリのデパート「ラファイエット」のワインショップでは1899年からほぼ全ヴィンテージのディケムが陳列されているので、色の変化を確認できます。自然の力でできた貴腐ぶどうにより極上の甘みが醸し出されたワインが、年を追うごとに変化している姿を見ると、とうてい人間の力では及ばない自然の神秘を感じてしまいます。

世界で最も美しいワイン生産地サンテミリオン

ドルドーニュ川右岸にあるサンテミリオン地区のサンテミリオン村は、1999年に世界で初めてワイン産地として世界遺産に登録された美しい生産地です。見渡す限りぶどう畑が広がり、まるで時が止まったかのような中世の趣をそのまま残しています。聖地へ向かう巡礼時の宿場町としても古くから栄えた村で、人口わずか2800人ほどにもかかわらず、ここには数百の生産者がひしめいています。まさに、ワインとともに育まれてきた村だと言えるでしょう。

サンテミリオンのシャトーの格付けは、最高位に「プルミエ・グラン・クリュ・クラッセ」、そしてその下に「グラン・クリュ・クラッセ」があります。サンテミリオンのシャトーといえば、この格付けでも最上位に位置する「シュバル・ブラン」と「オーゾンヌ」が有名です。どちらも世界に名を馳《は》せる高級シャトーになります。メドック5大シャトーに加え、このシュバル・ブランとオーゾンヌ、そして後ほど紹介するペトリュスを加えた8銘柄は「ビッグエイト」と呼ばれ、ワイン関係者からも一目置かれる存在です。

1832年にサンテミリオンで創業されたシュバル・ブランは、現在はLVMHグループの傘下にあるモダンで美しいシャトーです。主に砂利質で覆われた土壌を所有し、カベルネフラン種を主体にメルロー種をブレンドした、調和のとれたワインをつくります。

数々の名品を生み出したシュバル・ブランですが、特に1947年産は、これからも語り継がれる、ワイン史に残る伝説の1本です。高級ワイン熱に沸いた2005年ごろには、あまりの人気に、オークションサイドすら落札予想価格がつけられないほどでした。

　このとき、オークションハウスが苦肉の策でつけた値段は「Estimate on Request（お任せします。お好きな価格で）」でした。通常は落札予想価格の少し下の価格から競り合いが始まりますが、シュバル・ブランは参加者にスタート価格を決めてもらっていたのです。11万本も生産された1947年産でしたが、現在はかなり品薄で入手困難になっています。

　ちなみに、このシュバル・ブランを一躍有名にしたのが、映画「サイドウェイ」でした。アカデミー賞、ゴールデングローブ賞を獲得した映画で、大のシュバル・ブラン好きの主人公が大切に保存していた1961年産のシュバル・ブランをファーストフード店に持ち込み、プラスチックカップで飲んでしまうシーンが印象的です。

サンテミリオン地区の高級ワイン「シュバル・ブラン」

　サンテミリオン村にはシャネルが所有するシャトー・カノンもありま

す。サンテミリオン村で広大なぶどう畑を所有するシャトー・カノンは、約５００年ものあいだ同じ畑でぶどうを栽培している、長い歴史を誇るシャトーです。

その畑の10メートルほど地下では、その昔、サンテミリオンのシャトーをつくるための石切がおこなわれ、30㎞にわたる地下回廊が広がっています。サンテミリオンの歴史を物語るこの地下回廊は、今ではその役目を終え、静寂で厳かな空気が流れています。

シャトー・カノンが持つ凛とした上品さは、このサンテミリオンを支えた地下回廊から醸し出される厳かな空気も要因だと言えるでしょう。シャトー・カノンをはじめ、フランスに古くから続く歴史あるシャトーは、そこに存在するだけで圧倒的な威厳を放ち、上流の象徴になっているのです。

ボルドーの雄「ペトリュス」と「ルパン」

サンテミリオンと同じくドルドーニュ川右岸にあるポムロール地区は、一流のワインを語るうえで欠かせない生産地域です。ここではメルロー種を主体とした、香り高くエレガントなワインがつくられ、人口１千人にも満たない小さな村に最高峰のシャトーがいくつも存在します。

そのひとつが「ペトリュス」です。１８７８年開催のパリ万博で金メダルを獲得し、世間に知られるようになりました。

ペトリュスとは英語の「ピーター」に相当するラテン語で、キリストの十二使徒の長「聖ペトロ」を指します。そのためラベルには、キリストから渡された天国の鍵を持つ聖ペトロの姿が描かれています。

当時、メドック地区などがある「左岸」に対し、名声も品質もかなり遅れをとっていた「右岸」でしたが、ペトリュスの出現により、右岸の評価は一気に高まりました。特に１９６１年以降、現在のオーナーであるＪＰムエックス社の所有となってからは、ペトリュスは数々の伝説的なワインを送り出しています。

ペトリュスの醸造責任者と社長を兼ねていたのがクリスチャン・ムエックス氏です。

ペトリュスのラベル。上部には、天国の鍵を持つ聖ペトロの姿が描かれている

ペトリュスが特別なのは、このムエックス氏のワインにかける情熱の賜物だと思います。

社交の場では高級なヨーロピアンスーツに身を包んだ紳士然とした趣のムエックス氏ですが、普段は毎日長靴を履いてぶどう畑へ行き、ぶどうの様子をチェックしています。醸造責任者としてのこの真摯な姿勢が、一流ワインを生み出しているのです。

また、1991年はボルドーの右岸にとってはオフヴィンテージ（ぶどうの出来がよくない年や、天候が悪かった年を指す）であり、果実味を帯びた芳醇《ほうじゅん》なぶどうが育たなかった年でしたが、この年、ペトリュスはワインの出荷を断念しています。ワイン造りに対する真摯な姿勢が、ここからも垣間見えるように思います。

こうしたムエックス氏のワイン造りにかける情熱により、ペトリュスの品質と知名度は飛躍的に高まりました。そして今では、政界や財界の偉人たちからも愛される一流のシンボルとなったのです。現在も、ボルドーワインの中で一、二を争う人気と高値を誇っています。

ペトリュスと並び、世界最高峰と称されるボルドー右岸のワインが「ルパン」です。ボルドーの銘醸シャトーであり、常にペトリュスと比較される存在です。

ペトリュスと同じくメルロー種主体でつくられるワインでありながら、ペトリュスよりも少量生産のルパンは、オークションにもなかなか顔を出さないレア中のレアワインです。

特に、有名な1982年産のルパンは、パーカーポイント（201ページ参照）1

00点満点を獲得した逸品で、今でも世界中に82年産ルパンを狙うコレクターがたくさんいます。

以前、ルパンのオーナーであり造り手のティアンポン氏を囲んだ食事会で、ティアンポン氏はこんなことを言っていました。

「美味しいワインをつくるには、いかに自分の信念を曲げないかが重要である。今の技術を駆使すれば、人工的な香り付け、味付け、色付けで美味しいワインはつくれるし、実際そうしているワイナリーもある。しかし私は、どんなに出来が悪い年でも人工的に美味しいワインをつくり上げようと考えたことは一切ない。悪い年があるからワインが生きているのだ」

彼のこの言葉に、ルパンが一流たる所以が凝縮されているように感じました。きっとこの先も、ルパンは歴史に残る逸品を生み出し続けることでしょう。

パーカーポイント100点を獲得した1982年産のルパン

ボルドー特有のワイン先物取引の習慣

ボルドーには「ボルドープリムール」という独特のしきたりがあります。プリムールとは、フランス語で「新しい」「1番目」という意味で、ボルドープリムールは、樽の中で熟成されているときから売りに出される「ワインの先物取引」を指します。

毎年3月の終わりから4月にかけ、ボルドーでは盛大なプリムールテイスティングが開催されます。前年の9月から10月にかけて収穫されたぶどうを発酵させ、樽熟成の過程のワインを試飲できるのです。

その出来具合で、参加者は購入数を決めます。リリース価格は、ワインの出来はもちろん、評論家のコメント、世界の経済状況、消費者のデマンドを踏まえてシャトーから発表されます。

プリムールテイスティングのために、毎年1万人前後もの世界中のワイン関係者、ジャーナリストらがボルドーに一堂に会します。ボルドー市内は、まさにプリムールテイスティング一色です。ワイン関係者たちは、お目当てのシャトーと訪問日を決め、シャトーへ出向きテイスティングをおこないます。

当然、1級シャトーやペトリュスなどの一流シャトーは一見さんお断りです。一流シャトーは人数を制限し、時間ごとにゲストを受け入れる態勢を取っています。選ばれた関係者のみが、荘厳なシャトー内に設けられたテイスティングルームに入ることを許されるのです。部屋には綺麗に磨かれたグラスや資料が並べられ、試飲をしながらその年のぶどうの出来の説明を受けたり、醸造所を見学したりと、非常に学びの多い時間を過ごせます。

ちなみに、こうしたボルドーの有名シャトーの外観は、まさに「シャトー（城）」です。周囲には並木道が続き、立派な建物や庭園があり、湖には白鳥が泳いでいて、今でも貴族が住んでいるかのような気品と威厳があります。後ほど紹介するブルゴーニュ地方では、ロマネ・コンティをつくっている世界的に有名なドメーヌ（ブルゴーニュ地方では生産者をドメーヌと呼ぶ）さえ「小さな農家」という佇《たたず》まいですが、ボルドーのシャトーは華やかさや優雅さを持っているのです。

もちろん、こうした歴史ある偉大なシャトーのほかにも、ボルドー中のシャトーがプリムールテイスティングに参加しています。規模が大きくないブティックシャトーや新米シャトーは、テイスティング会場にブースを出しているので、各ブースを回り試飲ができます。

以前、私もプリムールテイスティングに参加したことがありますが、かなり体力勝負なイベントだと感じました。

ボルドーの1級シャトー「シャトー・マルゴー」の外観 ©BillBl

当日は、朝の10時から夕方まで1日5シャトーほどを巡り、シャトーごとに数種類のワインを試飲します。そして予定のテイスティングを完了したあとは、ワイン関係者とのディナーに参加です。当然ディナーの席でもワインが持ち込まれ、ワインを飲みながら親交を深めたり、情報交換がおこなわれます。さらに1日の終わりには、寝酒代わりにともう1軒立ち寄り、ようやくおひらきとなるのです。そして翌日、また朝の10時からテイスティングが開始となります。朝から晩までワインを飲み続け、それを4、5日続けるわけですから、体力と強靭《きょうじん》な肝臓が必要です。

　さて、このように町をあげてのプリムールテイスティングですが、このシステムが確立されたのは今から約60年前で、それほど古い歴史があるわけではありません。

第2次世界大戦で経営困難となったシャトーは、ぶどうの栽培や醸造を続けることが難しい状況に陥っていました。売り先がイギリス、ベネルクス、フランス、スカンジナビアに限られており、資金不足に陥っていたのです。

さらに、ボルドーワインは数年の熟成を必要とするため、熟成中は資金を回収できません。そこで主要なボルドーのネゴシアンたちが、瓶詰め前のワインでも事前に料金を支払うことに同意し、先物として買い付け始めたのです。中には、ぶどうの収穫前にワインを購入することさえありました。

こうしたシャトーの資金難から始まったプリムール制度でしたが、最近はこのシステムにも変化の時が訪れています。2012年に、5大シャトーのひとつシャトー・ラトゥールがプリムール制度からの脱退を表明したのです。

ラトゥールはネゴシアンを介さず、インポーター（輸入業者）やエンドユーザーに直接ワインを卸すことを決めました。自社でしばらくワインを熟成させ、飲みごろ、売り時のタイミングで、シャトー自らが値付けをして販売することになりました。

巨大な資本力を誇るラトゥールでは、もはやプリムール制度は必要なく、高い利益を追求するために、自ら在庫を抱えるという決断に踏み切ったのです。

この事例に限らず、インターネットの普及によってもワインの流通・販売のスタイルは変化の時を迎えています。長い歴史をともに助け合ったシャトーとネゴシアンの関係、そして伝統的なボルドーの流通システムは、今まさに転換期を迎えているのです。

初心者のためのワイン講義 ❶

必ず押さえておきたい6つのぶどう品種

赤ワインで使われる主な品種

カベルネソーヴィニヨン

世界で最も生産量が多く、ほぼすべてのワイン産地で栽培されているカベルネソーヴィニヨンは、まっさきに覚えておきたい赤ワインの定番品種です。タンニンを豊富に含み、若いときはアルコール度数が高く、濃厚でしっかりした味わいが特徴で、さまざまなワインに幅広く使われています。

一方で、フランスのボルドーやイタリアのトスカーナ、カリフォルニアのナパなどでは、超高級ワインに使われることでも有名です。

ピノノワール

フランス・ブルゴーニュ地方原産のピノノワールは、栽培が難しく、繊細なぶどう品種です。一方で、世界一のワイン「ロマネ・コンティ」にも使われる、ポテンシャルの高い品種でもあります。ピノノワールを使う場合、基本的には他品種とのブレンドはせず、単一で醸造されます。そのため、ヴィンテージによってワインの味が変わることでも有名です。

メルロー

栽培面積が世界2位のメルローは、気候に対する柔軟性があり、産地を選ばない品種です。その栽培のしやすさから世界中のワイン醸造家に支持され、フランスのボルドーをはじめ、アメリカ、イタリア、チリ、アルゼンチン、オーストラリアと、ほぼ全域にわたりメルローが栽培されています。

特にカベルネソーヴィニヨンとの相性がよく、ブレンドによって調和のとれた最高級ワインを生み出すことでも有名です。最も高価なメルローワインを産出するのはフランスのボルドーで、特にサンテミリオンやポムロールでは、メルロー主体の世界最高峰ワインが生まれています。その代表格が「ペトリュス」と「ルパン」です。

白ワインで使われる主な品種

シャルドネ

フランスのブルゴーニュ地方が発祥と言われるこの品種は、ブルゴーニュのシャブリやモンラッシェをはじめ、シャンパーニュ地方、アメリカのカリフォルニア州、チリなど、幅広い地域で使われる白ワインの王道品種です。

同じシャルドネからつくったワインでも、産地によってその味わいは大きく異なります。ブルゴーニュやシャンパーニュ地方では、冷涼な気候で育ったシャルドネからミネラルと酸味が豊富な辛口ワインがつくられますし、一方で日射量の多いカリフォルニアやチリでは、同じシャルドネでもトロピカルフルーツのような味わいを感じる、ふくよかなワインが仕上がります。

ソーヴィニヨンブラン

世界中のワイン産地で栽培され、カジュアルな白ワインから超高級白ワインまで幅広く使用される品種です。原産地はフランスのボルドー地方で、イタリアやチリ、ニュージーランドなど、さまざまな地域で栽培されています。温暖な地域から冷涼な地域まで環境への適応力が高いソーヴィニヨンブランは、産地によって個性が際立ち、その味わいの違いを楽しめるのも魅力のひとつです。

リースリング

冷涼な気候を好むリースリングは、ヨーロッパ北部のドイツを筆頭に、隣接するフランスのアルザス地方などで使われる白ワイン向けのぶどう品種です。辛口から甘口まで幅広い白ワインに使われます。

また、極甘口の貴腐ワインや遅摘みワインにも使用され、もともとリースリングが持つ酸味に、ぶどう本来の甘さが重なったこれらのワインの味わいは、リースリングにしか出せないものだと言えるでしょう。

GNE WINE

神に愛された土地ブルゴーニュの魅力

ブレンドOKのボルドー、NGなブルゴーニュ

フランス東部に位置するブルゴーニュ地方は、ボルドーと並ぶ、フランス最高峰のワイン産地です。ただし、ボルドーとは少し異なった趣を持っています。ブルゴーニュには、ボルドーのようなそびえ立つシャトーは見当たらず、のどかで牧歌的な光景が広がっています。世界最高峰のロマネ・コンティのドメーヌでさえ派手な看板や門構えはなく、「作業所」といった見栄えなのです。

これらの違いが生まれた発端は、18世紀のフランス革命にありました。フランス革命でその特権を奪われた貴族たちは、所有するぶどう畑も取り上げられてしまいます。

BOURGO

しかしボルドーでは、革命後に貴族や名士が再び畑を買い戻したため、錚々《そうそう》たるシャトーが構えられ、広大なぶどう畑で大量のワインがつくられたのです。

一方のブルゴーニュ地方では、教会や修道院が所有していた畑の大半が細分化されて農民たちに分け与えられました。小さく区分けされた畑は面積も限られ、大量にワインを生産できません。そのため、ボルドーのシャトーのような大きな醸造所は必要なかったのです。

ブルゴーニュ地方のぶどう畑。大きな醸造所はなく、牧歌的な風景が広がる
©CocktailSteward

こうして大きなシャトーがつくられなかったブルゴーニュでは、ボルドーのような地区ごとのシャトー（生産者）の格付けもありません。畑にわずか4つの格付けがあるだけです。

その格付けは、上から「グランクリュ（特級畑）」「プルミエクリュ（1級畑）」「コミュナル（その畑がある村名）」「レジョナル（その畑がある地方名）」と4段階に分かれています。

グランクリュ（特級畑）は、その名の通り、最も格の高い特級の畑です。ロマネ・コンティやモンラッシェなど、世界的に有名なワインを産出する一部の畑だけに与えられた称号であり、グランクリュと認められている畑はブルゴーニュ全体のわずか1%しかありません。

グランクリュでつくられたワインの場合、ラベルのAOCにその畑の名前が記されます。たとえば「ロマネ・コンティ」はぶどう畑の名前であり、造り手の名前でもありますが、ロマネ・コンティでつくられたワインには「Appellation Romanée-Conti Contrôlée」と記されます。つまりロマネ・コンティの畑を使えるのは「ドメーヌ・ド・ラ・ロマネ・コンティ（通称DRC）」だけで（単独所有畑＝モノポール）、それゆえ、希少価値も高くなるのです。

その下のプルミエクリュ（1級畑）も

■ブルゴーニュ地方の格付け

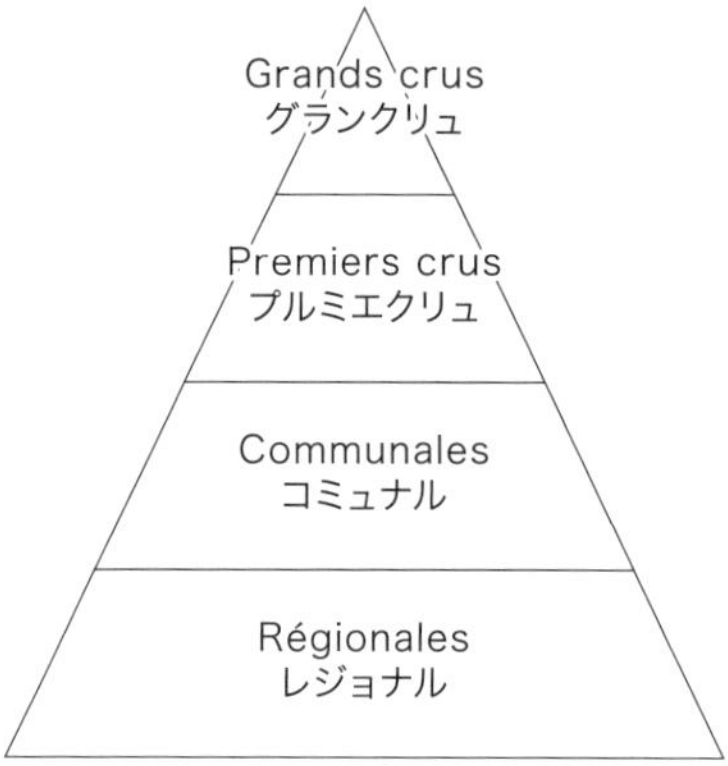

ランクとしては2番目ですが、決して特級畑に劣るわけではありません。今、最も高額で取引されるブルゴーニュワインの造り手、故アンリ・ジャイエ氏も、プルミエクリュで生産をおこなっていました。アンリのつくったクロ・パラントゥ（通称クロパラ）という高級ワインも、ヴォーヌ・ロマネ村の1級畑であるクロ・パラントゥ畑でつくられたものです。

プルミエクリュのラベル表記は、「村名＋1er Cru（Premier Cru）＋畑名」となります。たとえばヴォーヌ・ロマネの1級畑でつくられたワインの場合、「Appellation Vosne-Romanée Premier Cru Contrôlée」となり、その下に畑の名前が表記されるのです（複数のプルミエクリュのぶどうを混ぜている場合、畑名は記載されません）。

さらに下のランクであるコミュナル（村名）は、同じ村の畑で取れたぶどうのみを使ったワインです（ただし、その村の畑でも質を伴わないものはコミュナルを名乗れません）。ぶどうの使用制限が「村」に広がっているため、同じ村であれば別の畑で取れたぶどうをブレンドしても問題ありません。ラベルには「村名」が記載してあり、ヴォーヌ・ロマネ村のコミュナルワインであれば「Appellation Vosne-Romanée Contrôlée」と記されます。

最下位にあるレジョナル（地方名）は、最も広くはブルゴーニュ地方全域にまでその制限が広がるので、ラベルは「Appellation Bourgogne Contrôlée」などとなります。

こうした格付け以外のボルドーとブルゴーニュの大きな違いとして、ぶどう品種のブレンドの可否もあります。

ボルドーでは、赤、白ともにブレンドが認められており、赤ワインでは5種類の品種（カベルネソーヴィニヨン、メルロー、カベルネフラン、マルベック、プティヴェルドー）を、白ワインでは3種類の品種（ソーヴィニヨンブラン、セミヨン、ミュスカデル）の使用が認められています。

さらに、ボルドーではシャトーが複数の畑を所有し、その年のぶどうの出来によって異なる畑のぶどうをブレンドして独自の味をつくり出しています。たとえば、ボルドーのシャトー・ラフィット・ロスチャイルドは、年によってカベルネソーヴィニヨンを80～95％、メルローを5～20％、カベルネフランやプティヴェルドーを0～5％とその割合を変えています。

また、ブルゴーニュと違って畑の格付けがないボルドーでは、シャトーの力量により畑を増やすことも認められています。使用が認められているぶどう品種であれば、畑を増やしてたくさん栽培し、ワインを大量生産しても問題ないのです。

ただし、大量生産で味が落ちた場合はシャトーの責任を追及されるので、無作為にそのようなことはしません。「1級シャトーに恥じないように」「2級シャトーの名にかけて」といったプライドが、ボルドーの一流ワインを生み出す原動力でもあるのです。

こうしてさまざまなぶどうを合わせ、複雑で調和のとれた味わいをつくり出しているのがボルドーワインの魅力ですが、一方のブルゴーニュでは、ブレンドがまったく認められていません。その品種も限られていて、ブルゴーニュワインの80％は白がシャルドネ、赤はピノノワールでつくられています。

これだけブレンドに厳しいのは、ブルゴーニュがそれぞれの土地の特性をワイン造りに生かそうとした結果でした。

もともと海底にあったブルゴーニュでは、土壌の養分や鉱物が土地によって大きく異なり、畑ごとに性質の違いが如実に表れます。また、ブルゴーニュでは小高い斜面にぶどう畑が広がるため、畑が面している方角によっても日射量が異なり、ぶどうの出来が大きく左右されるのです。

テロワール（ぶどうが育つ自然環境）が最も優れているのはロマネ・コンティの畑だと言われ、ここではピノノワールが育つための最高の条件が整い、土壌の質、畑の向き、方位、標高など、どれを取ってもパーフェクトとされています。しかし、ロマネ・コンティとわずかに道を挟んだだけの別の畑でつくられるワインは、品質も価格もまったく異なります。目と鼻の先ですら、その違いは歴然なのです。

これだけ畑の性質が色濃く出るため、ブルゴーニュのワインは同じ品種でも地域や畑によってその味わいが大きく異なります。また、その年の畑の出来も重要になります。ボルドーのようにぶどうの種類を調整できないので、ぶどうの出来不出来によっても、ワインの味や価値が大きく変わってくるのです。

よい年のブルゴーニュワインは高値で取引されますが、これは自然と造り手が織りなす奇跡の産物だからこその価値の高さなのです。

ロマネ・コンティを生み出す神に愛された村

ブルゴーニュ地方には、最高級のワインを生み出す「コート・ドール」という地域があります。フランス語で「黄金の丘」という意味を持つコート・ドールは、まさに丘一面に広がるぶどう畑によって黄金色に埋め尽くされていることから命名された地名です。コート・ドールには、コート・ド・ニュイ地区とコート・ド・ボーヌ地区があり、どちらも世界有数の高級ワイン産地です。

まずは、コート・ド・ニュイ地区から紹介していきましょう。コート・ド・ニュイにはいくつかの村が存在し、どの村のワインも非常に価値の高いものばかりです。

たとえば、ジュヴレ・シャンベルタン村は、ナポレオンも愛したワインを生む土地です。ここには9つのグランクリュ（特級畑）があり、この9つの畑だけで約30もの生産者がワインをつくっています。

かのロマネ・コンティもまた、コート・ド・ニュイ地区のヴォーヌ・ロマネ村でつくられています。ヴォーヌ・ロマネ村は「神に愛された村」という異名を持つほど、ワインの生産に恵まれた土地です。ここにも、ロマネ・コンティをはじめ、ラ・ターシュ、リシュブールなどの特級畑がいくつも存在し、多数の高級ワインがこの小さな村から生まれているのです。

ヴォーヌ・ロマネ村は、今も変わらずぶどう畑と醸造所、そして教会しか存在せず、道路がかろうじてアスファルトに整備された程度で、ほとんど何百年も手が加えられていない状態です。

■ブルゴーニュ地方の主な生産地

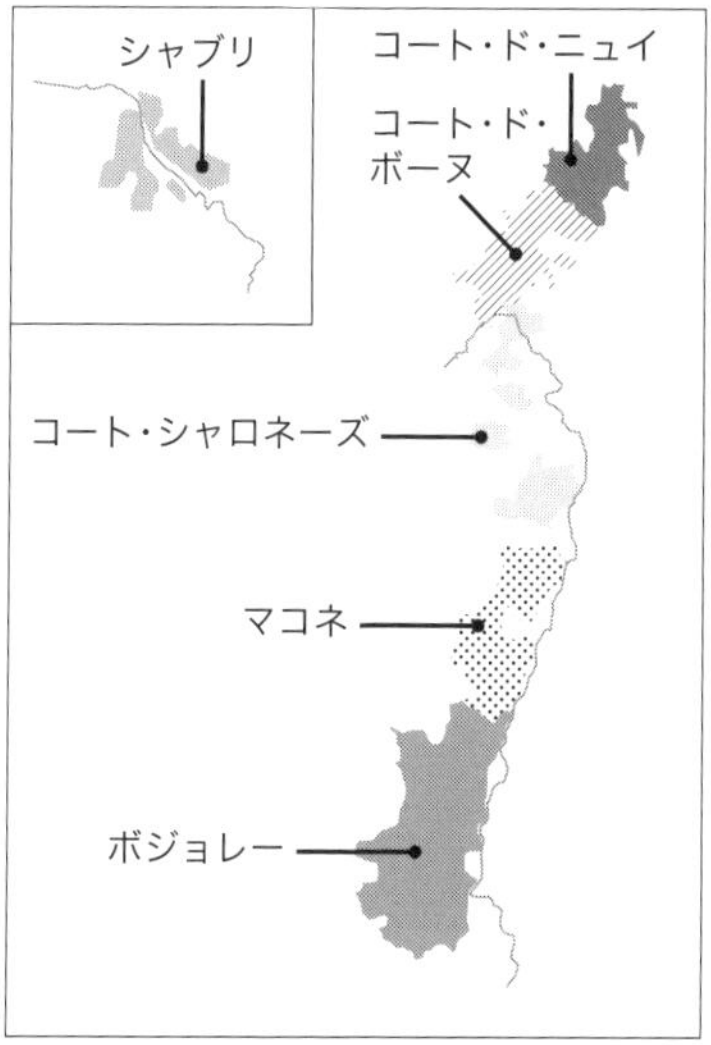

私も定期的にロマネ・コンティの畑を聖地巡礼のように訪れていますが、この特別な地は、いつ来ても訪れる人を厳かな気持ちにしてくれます。畑の近くには、以前ワインをつくっていた教会が今もそのままの姿で残されていますし、高台から畑を見下ろすと、まるで何百年も前にタイムスリップ

したような気分になり、修道士が畑を耕す光景が目に浮かんでくるようです。ロマネ・コンティの畑には、神から与えられた証として十字架が立てられ、畑の守り神として讃えられています。

そんなロマネ・コンティといえば、2004年にクリスティーズでおこなわれたオークション「ドリス・デューク・コレクション」のことを思い出します。ドリス・デュークとは、アメリカンタバコカンパニーを設立したジェームス・ブキャナン・デュークのもとに生まれた一人娘です。

彼女は父親の死により、わずか12歳で約1億ドルとも言われる膨大な遺産を受け継ぐことになりました。

「The richest girl in the world（世界で最も裕福な少女）」と呼ばれた彼女は、その一生を旅行と美術の収集に費やし、波乱に満ちた人生は映画にもなったほどです。

オークションでは、4日間にわたり、ドリスが一生をかけて集めた数々

ロマネ・コンティの畑にそびえ立つ十字架

の芸術品とレアワインが競売にかけられました。素晴らしいワインの目利きを誇った彼女のコレクションですが、中でも1934年産のロマネ・コンティは多くの注目を集めました。彼女が所有するニューポートの大邸宅のワインセラーに長らく眠っていたもので、来歴も保存状態も申し分ない逸品です。

そして、なんと運のいいことに、私たちクリスティーズのスタッフが、そのうちの1本を品質チェックのために試飲できることになったのです。皆が息をのむなか、当時のボスが慎重にゆっくりとコルクを抜きました。コルクを抜いたボトルからはオフィスに充満するほどの香りが立ち込め、私たちの期待をあおります。

頃合いをみはからい、まずはボスがワインを飲むことに。皆が固唾《かたず》をのんで見守るなか、ボスは永い眠りから覚めたロマネ・コンティをひとくち分、そっと口に含みました。

その瞬間、なんと彼は椅子から倒れてしまいました。美味しさのあまり、完全にノックアウトされ、文字通り「倒れた」のです。舌の肥えたワインスペシャリストたちですら、その味わいに圧倒されてしまったのでした。

ロマネ・コンティは、多くの歴史上の人物たちも魅了しました。病弱だったルイ14世が、薬の変わりにスプーン1杯のロマネ・コンティを毎日飲んでいたのは有名な話です。

また、ルイ15世の愛妾だったポンパドゥール夫人もロマネ・コンティに翻弄された一人です。ロマネ・コンティの所有者の座を巡りコンティ公と戦った夫人でしたが、コンティ公が破格の金額を提示したため、その願いは叶いませんでした。くしくも敗れた夫人は、その腹いせに宮廷からブルゴーニュのワインを一掃してしまったと言います。

ヴォーヌ・ロマネ村といえば、DRCと人気を二分した偉大なる造り手、アンリ・ジャイエも忘れてはいけません。１９２２年にフランスのヴォーヌ・ロマネ村で生まれたアンリは、２００６年にその生涯を閉じるまで、そのほとんどの時をピノノワールに捧げた人物でした。

ぶどう栽培業の家に生まれたアンリは、戦争に赴いた兄に代わり、16歳でぶどう栽培の仕事を手伝い始めました。さらに、その十数年後の１９５０年代には、自らワイン醸造に関わり、自身のブランドでワインの生産を始めています。

長い歴史の中で多くの人々を魅了したロマネ・コンティ

長年、ぶどう栽培に携わっていた

アンリは、ピノノワールのすべてを知り尽くしており、他の生産者よりも有利な立場でワイン造りを進めていきました。彼は、いち早くサステイナブル栽培（化学的なものを極力抑えた方法）やノンフィルターでのワイン醸造（果皮などの沈殿物の濾過を抑える醸造法）を取り入れるなど、当時では前例のないワイン造りも試みています。これも、ピノノワールを知り尽くしていたからこそできた挑戦だと言えるでしょう。

ピノノワール本来の味わいを引き出す術を心得ていたアンリは多くの支持者を増やし、２００１年に現役を引退するまで数々の伝説的なワインを残しました。ブルゴーニュには彼を師と仰ぐ若手醸造家が多く、アンリ自身もまた若手醸造家の育成に力を注いだことで有名です。

しかし、悲しくも２００６年に彼は癌によって亡くなってしまいました。現在は、甥のエマニュエル・ルジェと弟子のメオ・カミュゼが後継者となり、アンリの畑を守っています。

故アンリ・ジャイエ氏が自ら手掛けたクロ・パラントゥ。オークションでも高値で取引されている

高級白ワインの聖地モンラッシェ

コート・ドールには、コート・ド・ボーヌという地区もあり、こちらもブルゴーニュが世界に誇るワイン生産地です。コート・ド・ボーヌにも有名ワインを生産する村が連なっています。

中でも有名なのはモンラッシェ村でしょう。ここでは世界最高峰の白ワインがつくられています。

モンラッシェ村には、「モンラッシェ」「シェヴァリエ・モンラッシェ」「バタール・モンラッシェ」「ビアンヴニュ・バタール・モンラッシェ」「クリオ・バタール・モンラッシェ」の5つの特級畑があり、どれも少量生産のため、高額で取引されています。

これらモンラッシェ村の特級畑で、最高級白ワインをつくり続けるのがドメーヌ・ルフレーヴです。300年の長い歴史を持つ名門中の名門ドメーヌで、約25ヘクタールもの広大なぶどう畑を所有し、その大部分がグランクリュとプルミエクリュです。

2017年には、DRC社がつくるモンラッシェを抑え、ドメーヌ・ルフレーヴが最も高価な白ワインの1位に選ばれました。2017年7月には、平均価格6698ドル（1本約70万円）と発表されています。

20世紀初頭に、ブルゴーニュ白ワインの名匠とうたわれたジョセフ・ルフレーヴ氏によって設立されたルフレーヴは、3代目の当主アンヌ・クロード・ルフレーヴ女史により、大きな躍進を遂げることになりました。

アンヌは、不健康なぶどうの状態を改善しようと努めていた折、ビオディナミ農法と出会います。天体の動きに合わせて農作業をおこない、化学肥料や農薬を一切使用せず、自然界の物質だけで土壌の活性化やぶどう栽培を進めていく農法です。アンヌは、1997年にはすべての畑でこの農法を採用し、ビオディナミ農法の先駆者となりました。

化学薬品の使用を禁止したルフレーヴのワインは、清らかな湧き水のようなピュアで透明感のある味わいを実現しました。水のように体に染み渡る独特な感覚に魅了された世界中の愛好家たちはその入手に奔走し、瞬く間にルフレーヴは売り切れ続出の人気銘柄となったのです。価格もますます上昇し、一部のマニアしか入手できない状態になりました。

ドメーヌ・ルフレーヴが特級畑「シェヴァリエ・モンラッシェ」でつくった白ワイン

そうした現状に心を痛めたアンヌは、土地の安いマコン地区でもワインをつくることを決心し、2004年には、マコンでつくったワインの初ヴィンテージをリリースしています。

マコン地区は、ブルゴーニュの南にあるリーズナブルなワイン産地で、4段階に分かれている格付けでいえば下位のコミュナルとレジョナルクラスの畑が広がる地域です。しかし下位の畑のぶどうでつくったとはいえ、ルフレーヴのスタイルを貫いたその味わいは、果実味とミネラル感、そして透明感をそのままに人気を博しています。ルフレーヴの進出により名門ドメーヌ・デ・コント・ラフォンも、この地でワインの醸造を始めました。そのためマコン地区は、手ごろな価格で一流が織りなす銘酒を味わえる土地として、今注目が高まっています。

コート・ド・ボーヌでつくられる高級白ワイン「コルトン・シャルルマーニュ」

ちなみに、コート・ド・ボーヌでつくられる高級白ワインとしては、アロース・コルトン村の「コルトン・シャルルマーニュ」も有名です。

コルトン村で白ワインが生まれたのは、8世紀ごろに活躍したフランク王国のカール大帝によるものでした。赤ワインが大好きだったカール大帝は、コルトン村にぶどう畑を所有し、赤ワインを醸造していたほどです。

しかし、赤ワインを飲むたびに自慢の白い口ひげが汚れてしまうことに悩んだ彼は、後に白ワインを飲むようになりました。そして、コルトン村に所有する自身の畑も白ぶどうに植え変えてしまったのです。

カール大帝のフランス語名はシャルルマーニュ大帝。こうして超高級白ワイン「コルトン・シャルルマーニュ」が誕生したのでした。コルトン・シャルルマーニュは、今でもオークションで高値で取引される貴重な白ワインです。

病院から生まれた大人気のチャリティーワインとは？

コート・ド・ボーヌ地区のボーヌ村には、「オスピス・ド・ボーヌ」という歴史あるワインが存在します。

オスピス・ド・ボーヌの始まりは、16世紀にまでさかのぼります。貿易でも栄えたボルドーとは対照的に、ワイン以外の産業に乏しかったブルゴーニュでは、農民たちが過酷な生活をしいられていました。ブルゴーニュワインの商業上の中心地とされるボーヌ村でも、病人や貧困者が溢《あふ》れかえり、貧しい農民たちは病気になっても病院へ行けず、飢えで命を落とす人も多くいたほどです。

その光景に心を痛めたブルゴーニュ公国の財務長官は、ボーヌの町に病院施設を設立しました。さらに、財務長官は所有するぶどう畑を病院に寄付し、その畑のぶどうでワインをつくり、ワインの利益で病人たちに無料で治療を施したのです。

命を救われた多くの村民たちが彼に感謝し、裕福な人々もこの慈悲の精神に共感するようになりました。彼らもまた、ぶどう畑を寄付したため、病院が所有するぶどう畑は年々増え続けていったのです。

こうしてワイン醸造で潤いが出てきたボーヌ村の人々は、ワイン造りに専念することができました。そして、今ではボルドーの5大シャトーをはるかにしのぐ高値で落札されるワインがこの村からも生まれるようになったのです。

この慈善病院から生まれたワインが「オスピス・ド・ボーヌ」で、今でもチャリティーオークションで販売され、落札額の一部はボーヌ村の観光局や貧しい人々に寄付されています。ボーヌの生産者たちが任意でオスピス・ド・ボーヌの醸造を請け負うなどし、今も変わらず地域全体が協力してオークションが成り立っているのです。

オークションの開催日は、毎年11月の第3日曜日です。生産者たちが9月から10月にかけて収穫したぶどうを発酵させ、樽に寝かせて一段落した頃に、盛大なオークションが開催されます。オークション当日までの3日間は「栄光の三日間」と呼ばれ、

（左）オスピス・ド・ボーヌのチャリティーオークションの様子　（右）オスピス・ド・ボーヌのボトル

村がワイン一色になります。ボーヌ村にワイン好きやワイン関係者が数多く集まり、盛大なイベントが各所で開催されるのです。朝からワインテイスティングが始まり、それぞれの生産者のワインレクチャー、生産者とのランチなど、さまざまな催しが開かれます。

私も、オークションでボーヌを訪れるたびに、ボーヌ村の人々の生活にワインが欠かせなかったことを再認識させられています。キリストが残した「ワインは私の血である」という言葉の意味は、ワインをキリストの象徴として崇《あが》め奉《たてまつ》るということだけでなく、もっと大きな意味で、人々の生活を助けたり人々をつなげたり、人々を守ったりする役目を伝えているのだと思います。実際、思想や宗教は人々の心の拠りどころになりましたが、ボーヌ村で生活の糧《かて》になったのはワインだったのです。

ただし、オスピス・ド・ボーヌのオークションに人気が集まるのは、チャリティー的な要素だけではありません。病院が所有する畑は土壌の質がよく、極上のぶどうが育ちます。ワインをつくる生産者たちも、その名誉と腕によりをかけて最高のワインをつくり上げるため、その質の高さも人気を集める理由となっているのです。

さらに、通常のオークションと違い、ここではワインを「樽」で購入するため、自分だけのワインという優越感も得られます。ラベルに好みの名前を入れられるのも大きな魅力です。

私も2016年に1樽購入しましたが、収穫から約2年の熟成期間を経て、瓶詰めされたワインが手元に届くのを気長に待つのもいいものです。今はクリック一つで当日に商品が届く便利な世の中ですが、2年以上も待ちわびるのも悪くありません。順調に熟成が進んでいることをフランスの生産者に聞きながら、ワインの到着を毎日心躍る思いで待つ――。そんな思いで届いたワインはまたひとしおなのです。

ちなみに、ブルゴーニュではオスピス・ド・ボーヌのオークションと同じ時期に、「La Paulée（ラ・ポレー）」というお祭りも開催されます。ブルゴーニュの高級白ワインの造り手「ドメーヌ・デ・コント・ラフォン」を創業したジュール・ラフォン伯爵により、1932年に確立されたイベントです。

もともと中世にはぶどう園で働く労働者たちをねぎらうイベントだったものを、1923年にシトー会修道士が復活させ、その後ジュール・ラフォン氏が受け継いだ形です。1932年には、ワイン関係者の協力を得て正式にラ・ポレーと命名され、その後は恒例行事として毎年開催されています。

アメリカでもこの伝統的な行事に賛同し、ニューヨークとサンフランシスコで1年おきに、毎年2月末から3月初旬にかけてラ・ポレーのイベントが開催されています。ブルゴーニュの造り手がニューヨークとサンフランシスコを訪れ、スポンサー各社と盛大なお祭りを催すのです。世界中のブルゴーニュ好きが集まり、お目当てのブルゴーニュワインに酔いしれています。

スポンサーの1社であるワインオークションハウス「ザッキーズ」は、このお祭りのメインイベントのひとつであるラ・ポレーオークションを取り仕切ります。ブルゴーニュの造り手から直接出品される「蔵出し」と呼ばれる貴重なワインが次々と競売にかけられ、狂喜乱舞した参加者たちはご祝儀のような高値でワインを落札していきます。

2017年のラ・ポレーでは、ロマネ・コンティの造り手であるDRC社のヴィレーヌ氏を迎えた世紀のワインディナーが開催されました。参加費8500ドル（約90万円）の高額ディナーでしたが、100名ほど用意した席が瞬く間に完売となりました。

私もこのラ・ポレーのイベントには何度も参加していますが、毎回その勢いに圧倒されるばかりです。

「ボジョレー解禁」で盛り上がるのは日本だけ!?

ブルゴーニュには、コード・ド・ニュイ、コード・ド・ボーヌ以外にも特徴的なワイン産地がいくつもあります。ボジョレー地区もそのひとつです。

ガメイ種のぶどうでつくる熟成のいらない早飲みワインが有名なボジョレーは、ブルゴーニュのほぼ半分に相当する広大な土地を持ち、膨大な生産量を誇ります。乾燥した寒い冬、日射量の多い暑い夏が続き、ブルゴーニュの中で最も気候的に恵まれている土地でもあるのです。

皆さんも、このボジョレーという名を聞いたことがあると思います。そう、あの毎年秋に話題になる「ボジョレー・ヌーボー」の生産地です。

ボジョレー・ヌーボーとは、ボジョレーでつくられる「ヌーボー（新酒）」という意味です。通常、ワインは9月から10月にかけて収穫をおこない、ぶどうを潰して発酵させ、しばらく寝かしてから出荷されます。この熟成期間は、品質や産地を守るために、国が地区ごとに法律で定めています。たとえば、ボルドーでは赤ワインで12〜20ヶ月、白ワインでは10〜12ヶ月の樽熟成が定められています。一方でボジョレー・ヌーボーは、わずか数週間の熟成期間で出荷していいと決められており、その最初の出荷日が「解禁日」と呼ばれる11月の第3木曜日なのです。

日本では、時差の関係で本国フランスを差し置き、世界でいち早くボジョレーが飲めるということで、バブル時代は日本中がボジョレーに熱狂し、大きな話題を集めました。

その流れは現代まで受け継がれ、今でも日本では解禁日に多くの人がボジョレーを買い求めています。ボジョレーで生産されるワインの約半数は国外に輸出されていますが、ボジョレー・ヌーボーに関してはその大半が日本への輸出だそうです。

ちなみに、同じ時期にパリに滞在していたことがありますが、日本のようにヌーボーをお祝いしている光景はほとんど見られませんでした。

毎年11月の第３木曜日に解禁されるボジョレー・ヌーボー

ボジョレー同様に、世界的に有名なブルゴーニュのワイン産地としてはシャブリもあげられます。ブルゴーニュの中でも1つだけポツンと離れた場所にある、白ワインで有名な産地です。

シャブリは、太古から白ワインの産地として運命づけられていたような、辛口白ワインをつくり出す条件をすべて兼ね備えた土壌を持っています。

ジュラ紀（恐竜の時代）に海の底にあったシャブリ地区の土壌は、今でも牡蠣《かき》などの貝殻の化石が出てくる石灰質です。海のミネラルがたっぷり含まれている特異な土壌で育つシャルドネからは、他の産地では決して表現できない、酸味が強くキレのいい白ワインが生まれます。

シャブリは牡蠣や魚介類との相性も抜群で、冷やしたシャブリをこれらに合わせると不思議とその生臭さが消え、ミルキーな味わいが引き立ってきます。まさにミラクルなマリアージュです。

シャブリでつくられる白ワイン。写真は最も格が高いグランクリュのもの

ちなみに、シャブリの畑にはグランクリュ、プルミエクリュ、シャブリ、プティシャブリの4つの格付けがあります。中でもグランクリュは、生産量の規格があるためになかなか市場に出回りません。そのた

め、有名な生産者がつくるものには、オークションでしか入手できないものも数多く存在します。

一方でシャブリやプティシャブリのランクは規制が厳しくないため、以前は大量生産で質の低いものが出回ったこともありました。しかし今は全体的に質が上がり、「シャブリの白ワイン」は質の高い白ワインとして世界中で受け入れられています。

初心者のためのワイン講義❷

正しいテイスティングの仕方

ワインの味は、甘味、アルコール度数、酸味、タンニン、ボディという5つの要素から成り立っています。これらの個性や特徴を見分けるのがテイスティングです。

ワインではぶどうの果汁が発酵してアルコールになりますが、発酵しきれずに残った糖分がワインの「甘味」です。そのため、糖分をほとんどアルコールに変えたワインが「辛口」であり、糖分が残れば残るほど「甘口」に近づきます。それゆえ、基本的に甘いワインほどアルコール度数は低くなります。

「酸味」はぶどうに含まれるリンゴ酸と酒石酸《しゅせき》のことを指します。酸味の高いワインは、冷やすほど美味しいとされていますが、これはワインの温度が低くなると甘味と酸味が混じって味がぼやけるためです。

「タンニン」は、ぶどうの果皮とタネから生じるポリフェノールの一種で、渋味を表わします。ぶどうの果皮を使わない白ワインには、ほとんどタンニンは含まれません。

そして「ボディ」は、ワインの骨格、強さ、重厚感、感覚など、飲んだときの感触を表わします。その感触は、フルボディ、ミディアムボディ、ライトボディと分けられ、ワインの味を表現する場合にほぼ必ず使われるものです。ワインショップの店頭やワインのラベルにもボディが記されていることがあり、そこからワインの特徴を知ることができます。ただし、ボディの定義や基準は存在しません。飲んだ感触によって表現されます。それぞれざっくりと左のようなイメージで語られることが多いです。

・フルボディ
リッチでパワフルな味わい。タンニン、甘味、アタックがしっかりしており、色も濃く濃厚で香りも高く、飲んだときに口いっぱいに広がる強さがある。基本的に、カベルネソーヴィニヨン種やシラーズ種を使ったワインがフルボディと言われる。タンニンやポリフェノールを多く含んでいるため長期熟成型でもある。

・ミディアムボディ
簡単に言えばフルボディとライトボディの中間の味わい。一般的にサンジョベーゼ種やニューワールド（ワイン新興国）のピノノワール種がミディアムボディと言われることが多い。また、フルボディだったワインが熟成とともにまろやかになったものもある。

・ライトボディ
一般的にアルコール度数が低く、タンニンも少なめ、色も薄いワインである。若いピノノワール種やガメイ種、バルベーラ種などに代表される味わいで、飲んだ感触は軽やかで重厚感はない。タンニンが少ないため早飲みタイプのワインが多い。

ワインのテイスティングは、見る→香りを楽しむ→味わうの手順で進めます。英語では「The "S" Step」と言い、「See（見る）」「Swirl（グラスを回す）」「Sniff and Smell（香りをかぐ）」「Sip and Swish（ひとくち口に含む、口内をワインで覆う）」「Swallow or Spit（飲む、もしくは口から出す）」という手順です。

「See（見る）」では、ワインの色合いや輝き、清澄《せいちょう》度を確認します。まず、白い物を背景にグラスを傾け、色の濃淡の度合いを見ます。赤ワインの場合、若いワインは紫がかった明るい色合いで、熟成とともにレンガ色へと変化していきます。ぶどうの種類によっても色に違いがあり、この色の変化や違いからワインの個性を楽しむのです。

白ワインの場合は、液面の縁の部分の色によってワインの特徴がわかります。白ワインは、年を追うごとにグリーンがかかった黄色から、淡い黄色、レモンイエロー、ゴールド、麦わら色、琥珀色へと変化していきます。

また、「See（見る）」ではワインに濁りがないかも確認しましょう。濁っている場合は、劣化・酸化している可能性があります。

続いて「Swirl（グラスを回す）」で、グラスを回し、粘着度を確かめます。グラスの内面にワインの滴跡がしっかり残るほど粘着性は高く、アルコール度数が高いとされています。

そして、「Sniff and Smell（香りをかぐ）」では、グラスを傾け香りをかぎます。ワインの香りはアロマとブーケに分けられます。ぶどう本来の香りと発酵段階で生まれる香りを「アロマ」と呼び、発酵後、樽や瓶内での熟成中に生まれる香りを「ブーケ」と呼びます。それぞれが持つ香りの個性を楽しみましょう。

そして、ここまでの過程を踏んだら、いよいよ「Sip and Swish（ひとくち口に含む、口内をワインで覆う）」「Swallow or Spit（飲む、もしくは口から出す）」です。ワインをひとくち口に含んで口内全体で味わってみます。

舌は箇所により感じられる場所が違います。甘味は舌の前方で、酸味は舌の両サイドで、タンニンは歯茎で、アルコールは喉の奥で、そしてボディは後味の長さや飲んだときの感触で感じましょう。

- **See**（**見る**）それぞれのワインの色合いを楽しむ。また、ワインに濁りがないかを確かめる。

- **Swirl**（**グラスを回す**）グラスを回して、粘着度を確かめる。グラスの内面にワインの滴跡がしっかり残るほど粘着性は高く、アルコール度数が高い。

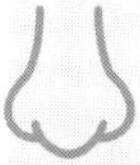

- **Sniff and Smell**（**香りをかぐ**）グラスを傾けて香りをかぎ、それぞれのワインが持つ香りを楽しむ。

- **Sip and Swish**（**ひとくち口に含む、口内をワインで覆う**）
- **Swallow or Spit**（**飲む、もしくは口から出す**）
甘味や酸味は舌で、タンニンは歯茎で感じながら、ワインの味わいを楽しむ。そして飲んだときの喉奥の感触でアルコールを、後味の長さなどでボディを感じる。

NCH WINE

フランスワインの個性的な名脇役たち

うっかりミスから生まれたシャンパンという奇跡

ボルドー、ブルゴーニュと並び、その地位を世界に知らしめているのがシャンパーニュです。その名からも想像できる通り、日本人にも馴染《なじ》み深いシャンパンを生産しています。

シャンパンはよくワインの一種だと思われがちですが、シャンパンを名乗れるのはフランスのシャンパーニュ地方でつくられ、かつ法律に規定された条件を満たしたものだけです。

そのブランド管理は徹底されており、フランスのとある有名ブランドがシャンパンという名の香水を発売したところ、すぐに販売差し止めとなったくらいです。以前は、「シャンパン」と記載されたカリフォルニアの発泡性ワインを見かけたことがありましたが、今ではそれもなくなりました。日本でも、明治初期から使用されていた「シャンパン（シャンペン）サイダー」や「ソフトシャンパン」といった炭酸飲料の名称が使用禁止となっています。

シャンパンは品質管理も徹底しています。たとえば、シャンパンの要である発泡は、瓶内二次発酵されたものだけに限られます。瓶内二次発酵とは、瓶詰めしたワインに糖分や酵母を加え再び発酵させ、炭酸をつくり出す方法です。ワインに炭酸を入れたり、タンクで発泡されたものを瓶詰めしたものはシャンパンとは認められません。

さらに、使用できるぶどう品種（主にピノノワール、ピノムニエ、シャルドネ）や熟成期間、ぶどうの収穫量、最低アルコール度数なども厳しく定められています。

シャンパンがブランドとして確立されているのは、こうした厳しい規定で品質を守り、徹底した管理でブランドを守っているからなのです。大のワイン好きであり、遠征先にもワインを持ち込むほどだったナポレオンが「シャンパンは戦いに勝ったときは飲む価値があり、負けたときには飲む必要がある」と言ったというのにも納得できます。

また、シャンパンには長い熟成期間が定められていますが、この熟成に地下貯蔵庫を利用しているのもシャンパーニュの特徴です。

シャンパーニュは、古代ローマ時代に大量の石が採掘された場所でもあり、地下に巨大な洞窟が存在します。中には全長30㎞近くにも及ぶ地下貯蔵庫を確保しているメゾンも存在するほどです。地下空間は、年間を通じて常に12℃前後に保たれ、シャンパンの熟成にちょうど適した温度と湿度を備えているのです。

シャンパーニュの地下貯蔵庫 ©giulio nepi

こうした独自の管理をおこなっているシャンパーニュは、ワインの栽培・醸造方法も他の地域とは少し異なります。

ボルドーではシャトーがぶどう畑を所有し、ぶどうの栽培からワインの醸造までをおこないますが、シャンパーニュではシャンパンに使われるぶどうの栽培専門業者が約1万6千社も存在します。実際にシャンパンを製造する醸造所は「メゾン」と呼ばれ、その数は320社ほどです。メゾンによっては、自身の所有するぶどう畑で収穫したぶどうだけで醸造するところもありますし、共同組合から仕入れたぶどうを使用しているところもあります。

そして、その工程や製造方法もしっかりとラベルに記載しなければなりません。ラベルに小さく「NM」「RM」と記載されていますが、NM（ネゴシアンマニピュラン）は、ぶどうの大半をぶどう栽培業者から買い取っていることを意味し、RM（レコルタンマニピュラン）は、自社が所有する畑で栽培・収穫したぶどうを使用していることを意味します。

もちろんシャンパンを醸造するメゾンだけでなく、ぶどう栽培業者も厳しく管理されています。ぶどうは収穫後すぐに圧搾しなければならない、ぶどうの茎は取ってはいけない、ぶどうの一番搾りと二番搾りを明確にする……など、20項目以上の基準が課されています。

また、ぶどう栽培業者は、シャンパーニュの土壌の保守にも積極的に取り組んでいます。シャンパーニュの土壌は、ミネラルやアルカリが豊富に含まれる石灰質であり、栽培されるぶどう品種との相性は抜群です。何百万年も前は海底だったミネラル成分を含んだ独特の土壌からは、シャンパンの味をふくよかでキレのある味わいに仕上げるぶどうが生まれます。ぶどう栽培業者は、こうした土壌、そして景観までを守り、価値を高める努力もおこなっているのです。

ちなみに、シャンパンにはヴィンテージの記載がないものも多いのですが、これはいろいろな年に収穫されたぶどうをブレンドしてつくっているためです。シャンパーニュでは、その年に収穫されたぶどうを100%使わないとラベルにヴィンテージを記載できないという決まりがあるのでノンヴィンテージとして販売しているのです。

シャンパンの中でも、世界的に最も有名なのは「ドン・ペリニヨン」でしょう。通称ドンペリの生みの親と言われるのはピエール・ペリニヨン修道士です。1638年にフランス北東部のシャンパーニュ地方で生まれた彼は、その一生をシャンパンに捧げました。

実はシャンパンは、このペリニヨン修道士の〝うっかりミス〟によって偶然生まれました。修道院でワイン係を命じられたペリニヨン修道士は、うっかりワインを貯蔵庫に入れ忘れ、外に放置してしまいます。そして数ヶ月後、そのワインの瓶から泡が立ち上がっているのを見つけたのです。寒い冬の間、外に置き去りにされ微生物の活動（発酵）が止まっていたワインが、春の訪れとともに気温が上がり、再び微生物が動き出したことで瓶内二次発酵が起こり発泡したのでした。

ペリニヨン修道士は、恐る恐る泡の立ち上がるワインを飲んでみることに。すると、実に爽やかでとても飲みやすい味わいでした。これが、後のシャンパン造りのヒントになったわけです。その後、ペリニヨン修道士は発泡性ワインの品質改良を重ね、シャンパン用のコルクを発明するなど、その偉業は今もなお引き継がれています。

そして1794年、ペリニヨン修道士が一生を捧げたオーヴィレール修道院とぶどう畑をモエ・エ・シャンドン社が買収します。そして1930年、同社は「ドン・ペリニヨン」の商標権を獲得。晴れてドン・ペリニヨンというブランドが誕生したのです。

ドンペリのファーストヴィンテージは1921年でしたが、長い熟成を終えてついに登場したのは1936年のことでした。以来、誰もが認める高級シャンパンの代表的な存在としてワイン界に君臨しています。

前述したドリス・デュークのコレクションの中にも1921年のドンペリがたくさん保管されていました。果たして、醸造から83年も経ったシャンパンがまだ飲める状態なのか……。おそるおそるそのうちの1本のコルクを開けたところ、微量でしたが、わずかに泡が立ち上がったことに驚きました。この幻とも言えるファーストヴィンテージのドンペリは、予想落札価格の何倍も

高級シャンパンの代名詞と言える
ドン・ペリニヨン

の価格で落札されています。

そして1987年には、ルイヴィトン社がモエ・エ・シャンドン社とヘネシー社を吸収合併し、念願であったドンペリを手中に収めています。ルイヴィトンをはじめ、セリーヌ、フェンディ、ジバンシイ、マーク・ジェイコブスなどを傘下に置く巨大LVMH（モエヘネシー・ルイヴィトン）帝国の始まりです。これ以降もLVMHは、歴史あるシャトーを次々に買収しています。

ちなみに、ドンペリは品質を守るためによいぶどうが育った年しか製造しないことでも有名です。それだけの品質を担保していることが、多くの一流を惹《ひ》きつけてやまない理由でもあるのです。

世界のワイン投資家が「ローヌワイン」に熱狂する理由

フランスの有名ワイン産地、ローヌ地方についても紹介しておきましょう。フランス南東部に位置するローヌには、南北に約200km、東西に100kmにわたる大きなぶどう畑が広がっています。実は、ローヌはフランスで初めてワインがつくられた土地でもあり、非常に長い歴史を持つワイン産地なのです。

ローヌでワイン造りが本格化したのは、14世紀のことでした。この頃、約70年という短い期間でしたが、ローヌ南部のアヴィニヨンにローマ法王庁が置かれました。その結果、カトリックの中心地となったローヌ南部は、ワイン産地としても大きく栄えていくことになったのです。

1309年に教皇に選ばれたクレメンス5世がアヴィニヨンに居を定めると、多くのワイン関係者が、法王に献上するワイン造りのためにこの地に移り住みました。アヴィニヨンの近くにはシャトーヌフ・デュ・パプというワイン産地が広がっていますが、この地名も「法王の新しい城」という意味です。

シャトーヌフ・デュ・パプは法王にワインを捧げる村として発展し、そこでつくられたワインは「神に愛されたワイン」と称されました。絶大な権力を持っていた歴代の法王たちも、シャトーヌフ・デュ・パプを中心に、ローヌの南部地方に自身のぶどう畑を所有していたのです。

こうしてローヌにワイン生産技術が根付き、少しずつ質の高いワインがつくられるようになっていきました。その技術は、今もなおローヌの生産者たちに引き継がれています。

たとえば、ローヌを訪れると、ぶどう畑に大きな石がゴロゴロと転がっています。これは昼夜の寒暖差が非常に激しいローヌで、大きな石を湯たんぽ代わりにし、ぶどうの木を寒さから守るための長年の工夫です。こうした知恵が何世紀にもわたり受け継がれているのです。

こうした長い歴史と伝統を持つローヌですが、ボルドーやブルゴーニュに比べるとその知名度はやや低いかもしれません。しかし、欧米には熱狂的なローヌワインファンが存在します。

人気の理由は、熟成することで大きく変化するその表情にあります。若いローヌワインは男性的でパワフルな部分が目立ちます。しかし、熟成とともに女性らしくエレガントな味わいに変貌を遂げていくのです。

大きな石がゴロゴロと転がっているローヌのぶどう畑 ©Megan Mallen

生産から何十年も経たローヌワインからは力強さがそぎ落とされ、エレガントで品のある味わいが醸し出されます。どんな銘醸ワインにも負けない、リッチで妖艶な魅力を持ち合わせているのがローヌワインなのです。その術に魅了されたローヌファンたちは、グッドヴィンテージのワインを大量購入し、熟成するのを気長に待ちわびています。

また、タンニンが豊富で長期熟成に適しているローヌワインは、投資対象としても人気の高いワインです。特に欧米の投資家たちは、ローヌワインに先物投資をし、大量に購入しています。購入後は、極力ワインを動かさずに同じ場所で静かに保存し、時期を見て市場へ売り出しているのです。

実は、このローヌワインはあのロマネ・コンティよりも高い落札価格を誇っていたことがあります。２００７年９月にロンドンで開催されたオークションでは、ローヌ北部の産地エルミタージュでつくられた１９６１年産のワインが、１ケース（12本入り）12万３７５０ポンドで落札されました。

これは、当時ロマネ・コンティで最も高い落札額を誇っていた１９７８年産（１ケース９万３５００ポンド）をはるかに上回る高値でした。

ロマネ・コンティの落札価格を上回ったこともある1961年産のエルミタージュ

ボルドーでもブルゴーニュでもない、ローヌのワインがロマネ・コンティを超えたことで、ワイン関係者の周囲はあわただしくなりました。世界に存在する古いローヌワイン、特にエルミタージュを獲得しようと躍起になったワイン関係者が、世界中でローヌワインを探し始めたのです。

私も、ローヌワイン好きのコレクターたちに出品をお願いしてまわりましたが、まだまだ熟成させたいというコレクターもいれば、所有する20ケース以上のローヌワインすべてを出品し、大儲けしたコレクターもいました。

この出来事によって、記録を塗り替えたエルミタージュだけでなく、ローヌワイン全体の価値が上がりました。記録更新以来、ローヌワインのよい造り手、よいヴィンテージは、投資ワインのポートフォリオ銘柄として正式に認められるようになったのです。これまで限られたファンのあいだで売り買いが成立していたローヌワインの市場がガラリと変わった瞬間でした。

地味なロワールから出てくるイノベーションを起こす造り手

ロワール川の流域に、東西に幅広く分布するロワール地区もフランスが誇るワイン銘醸地のひとつです。ロワール川はフランス最長の大河で、そのまわりには歴史ある古城と自然が織りなす美しい景観が広がっています。「眠れる森の美女」で登場するお城のモデルとなった城も、ロワール川流域に存在します。

中世には宮廷が置かれたロワール地区は、城がぶどう畑を所有していたこともあり、かつてはボルドー地方よりもワインの醸造が進んでいた地域でした。しかし、現在は高級ワインの生産は少なく、少々影の薄い印象があります。

ところが、実は今、ロワールからイノベーティブな造り手が生まれてきているのです。その一人が、ディディエ・ダグノーです。個性的な風貌から「ロワールの異端児」という異名を持つ彼は、飲む者すべてを虜《とりこ》にしてしまう天才醸造家で、世界中に熱烈なファンが存在します。

彼の偉業は、ソーヴィニヨンブラン種を用いて世界最高峰の白ワインを産出したことです。

ソーヴィニヨンブラン種は、世界各地で栽培される比較的栽培が容易なぶどう品種です。ブルゴーニュなどで使われているシャルドネ種とは違い、長期熟成には適しておらず、どちらかといえばカジュアルワイン向けの品種だと言えます。また、ブレンドすることで、他のぶどうの味を高める脇役的な役割としても使用され、高級ワイン用とは言い難い品種です。

しかしダグノーは、そのソーヴィニヨンブラン種を100%使用し、非常に厚みと深みのある奥深い味わいのワインをつくり出しました。彼のつくったワインは、数多くの評論家から大絶賛され、ワインコレクターであれば誰もが所有したがる逸品となったのです。

彼のワインへのこだわりは土壌から始まります。ダグノーは、1993年当時、まだ珍しかったビオディナミ農法をいち早く取り入れました。

ビオディナミとは、土壌のエネルギーと天体の動き、自然界のパワーを取り入れ、ぶどうの生命力を高める農法です。ビオディナミに魅了されたダグノーは、土壌と環境を尊重し、化学肥料の使用を一切やめ、耕作も馬でおこなう徹底ぶりでした。

哲学的で少々スピリチュアルな農法のため、当初はダグノーも「変わり者」とみなされましたが、今ではこのビオディナミを取り入れた生産者も増えてきています。

ちなみに、ダグノーはただの変わり者ではなくワインの基礎もしっかりと学んでいます。ボルドー大学では醸造の手法を学び、ブルゴーニュの神と崇められた生産者、故アンリ・ジャイエ氏からはワイン造りの哲学を学んでいます。そこに独自のスタイルを加え、常識を打ち破ったワインをつくり出したのです。

ディディエ・ダグノーの代表作
「アステロイド」

しかし悲しいことに、2008年に自身が操縦する飛行機事故により、ダグノーは52歳の若さで亡くなってしまいます。突然の訃報に、ワイン業界には激震が走りました。今は、若い頃から父親のもとでワイン造りをおこなってきた息子、そしてそのスタッフたちがダグノーの哲学と手法を引き継いでいます。

ダグノーの死により、彼が存命中につくっていたワインには希少価値がつき、今では1本20万円近くで取引されています。私も彼の代表作「アステロイド」を飲んだことがありますが、ソーヴィニヨンブラン種の常識を一新してしまう味わいで、ひどく驚かされました。

白ワインの奥深さ、そしてソーヴィニヨンブラン種のポテンシャルの高さをダグノーは教えてくれたように思います。

ロワールには、ダグノーと同じく自然にこだわるイノベーティブな生産者がもう一人います。ナントからロワール川を70㎞ほどさかのぼったところにあるアンジュ・ソミュール地区で、とことん自然にこだわる生産者がオリビエ・クザンです。ぶどうの栽培からワインの醸造まで、化学的なものを一切使用しないワイン造りをおこなっています。

クザンは、酸化防止剤すら一切使用しません。普通は、オーガニックの認証を受けた生産者でも最低限の酸化防止剤を使用します。多少でも使用しないと、瓶詰め後にも瓶内で発酵が進み、ワインの味が変わってしまうからです。

クザンのワインには小さな泡が見られることがありますが、これは実際に瓶内でまだ発酵が進んでいる証拠です。発酵が進みすぎて、求めていた味が表現できないこともありましたが、それでも彼は「自然」にこだわったのです。

徹底的に自然にこだわるクザンは、畑を愛馬で耕すことはもちろん、ワインの配送も馬で運びます。街中では、馬車でクザンのワインが運ばれている光景がよく見られるそうです。

クザンの異様なまでの自然へのこだわりは、祖父から受け継いだものでした。彼の祖父も、除草剤や化学肥料を使用せず、ぶどうもすべて手摘みで収穫し、自然酵母で発酵させるなど、人工的に手を加えない製造を貫いた人です。

祖父が他界したあと、その畑を受け継いだクザンは、より徹底した自然のパワーを取り入れました。究極的に自然にこだわるワインをつくる彼は、今後もワイン界で唯一無二の存在として、注目され続けることでしょう。

オリビエ・クザンのつくるワイン

沸き起こるロゼレボリューション

皆さんは「ロゼ」という種類のワインを聞いたことがあるでしょうか？　赤でも白でもない、透き通ったピンク色のワインです。

ギリシャで2600年も前からつくられていたロゼワインですが、当時はただの赤ワインの失敗作でした。昔の醸造法では、黒ぶどうからうまく色素が抽出できず、出来上がったワインがピンク色に仕上がってしまうことがあったのです。失敗作とはいえ、タンニンも少なくスッキリ爽やかなロゼは最高に美味しかったと思います。

現在のロゼワインの製造法は大きく分けて3種類あります。1つ目は、赤ワインと同じく黒ぶどうをもとにつくる方法です。濃い色になる前に果皮を取り除き、美しいピンク色に仕上げます。

そして2つ目は、白ワインのように果皮を漬けない方法です。この場合、ぶどうを圧搾した際の果皮の色素が醸し出され、淡いピンク色がつきます。

3つ目の方法としては、黒ぶどうと白ぶどうを混ぜてつくる方法です。よく勘違いされますが、赤ワインと白ワインを混ぜているわけではありません。

産地によっていずれかの製造法で異なるスタイルのロゼワインがつくられていいます。冷えたロゼワインは喉越しが爽やかで、ほんのり香る果実香とフレッシュで爽快な果実味が特徴的です。

実は最近、このロゼワインが世界的に人気を集めています。特にアメリカでは、劇的にロゼの人気が高まり、「ロゼレボリューション」とも言える、新たな流れが生まれているのです。

もともとロゼワインは、1990年代には「ブラッシュワイン」(ブラッシュ＝頬を赤らめる)、「ホワイトジン」(白いジンファンデル種という意味で、少しバカにしたようなニュアンスがある)などと呼ばれ、紙パックやお徳用サイズの大ボトルに入った安価な甘いワインでした。

しかしここ数年、それまでのロゼワインの味とイメージが一新されています。ファッション誌やインテリア系のメディアを介し、ワインに馴染みが薄かったミレニアル世代の女性のハートをつかんだロゼワインは、「#yeswayrose」というハッシュタグがSNSで流行するなど、若い世代を中心に大きな注目を集めているのです。

アメリカ国内のロゼ消費分布図や発信地を見ると、ニューヨーク郊外の高級リゾート地ハンプトンが最も多く、ついでマイアミビーチ、マリブと続きます。これらの地は、誰もが憧れる美しくリッチな場所であり、ファッションやトレンドに敏感な人々が集まるエリアです。

高級リゾート地に集まるニューリッチや発信力のある若者たちが、美しい海に浮かぶ豪華なヨットで飲むスタイリッシュなロゼボトルや、パームツリーを背景に太陽に反射してキラキラ輝くロゼワインのグラスとともに自撮りした写真をSNSで拡散したことで、ロゼワインの人気がますます高まっていったのでした。

クリスマスシーズンにはロゼシャンパンが好まれ、バレンタインデーにはロマンティックなロゼワインが人気になるなど、ほぼ年間を通してロゼの消費が起こっています。

また、ハリウッドスターがロゼワインをプロデュースしたことも人気を後押ししました。2008年には、ブラッド・ピットとアンジェリーナ・ジョリーが南仏のワイナリーを購入し、ロゼワインを販売しています。

二人がプロデュースしたロゼワイン「シャトーミラヴァル」は、ただのセレブワインではなく、実力が伴ったロゼとして人気が高まり、販売初日1時間で6千本も売れました。

シャトーミラヴァルのロゼワイン

最近では、アメリカのロックバンド「ボンジョビ」のジョン・ボンジョビも新しくロゼワインの発売に乗り出しています。大のワイン好きで知られる彼の販売する「ダイビング・

イントゥ・ハンプトン・ウォーター」は、2018年の一押しロゼワインとして早くもアメリカでは完売状態です。

こうした今をときめくロゼワインの生産地として有名なのが、フランスのプロヴァンス地方です。地中海に面したバカンスの人気地でもあり、フランスでつくられるロゼワインの約4割がここで生産されています。

アメリカを中心としたロゼ人気により、プロヴァンス地方の輸出量は2001年から50倍近くも増加しています。プロヴァンスにあるシャトー・デスクランでは、2006年にわずか1万ケースだったロゼの生産量が、2016年には36万ケースになったようです。そのうち、20万ケースはアメリカで消費されています。

そして、世界で最も人気のあるロゼと言われるのが同社の「ウィスパリング・エンジェル」です。こちらの生産量もうなぎのぼりで、2018年には320万本もリリースされています。

ウィスパリング・エンジェル

アメリカでの消費急増によって、まさにバブル状態のロゼワインですが、アメリカでの人気は必ず日本にも入ってくるように思います。近いうちに、日本でもロゼワインを多く見かけるようになるかもしれません。

アメリカが欲しがった南仏の土地とは？

ローヌやプロヴァンスなどと同様に、南仏のワイン生産地として注目を集めているのがラングドックルシヨン地方です。長い歴史を誇るフランス最大のぶどう産地のひとつであるラングドックルシヨンは、アメリカのロバート・モンダヴィ社が、一番欲しがったフランスの土地でもあります。

アメリカの企業は豊富な資金力を使い、高級ぶどうの栽培に適したポテンシャルの高い土地に目をつけ、ワインビジネスを開始しますが、モンダヴィ社もまた、次々に国外のワイナリーと事業を展開しているのです。

モンダヴィ社とシャトー・ムートン・ロスチャイルドとのコラボでつくられたワイン「オーパス・ワン」は世界最高峰のカリフォルニアワインをつくるというコンセプトのもと大成功を収めましたし、イタリアの老舗ワイナリー・フレスコバルディ社とのジョイントベンチャーでも「ルーチェ」という名の斬新なラベルが特徴のワインを生み出し人気を博しています。

豊富な資金をもとに数々のワインビジネスをおこなってきたモンダヴィ社は、1993年に株式を公開しています。そして多額の資金を元手に、ついにワインの本家本元・フランスへの本格的進出を試みたのです。

このとき、モンダヴィ社が目をつけたのがラングドックルションでした。当時、南仏のワインは「安価な大衆向けワイン」として定着していましたが、実際は、豊富な日射量、そして他に類を見ないほど質のいい土壌を持つ土地であり、社長のロバート・モンダヴィ氏はそこに目をつけたのです。

モンダヴィ氏は、南仏進出の手始めに、地元のぶどう栽培業者がつくるぶどうを100%使用した「ヴィション・メディテラニアン」をフランス市場に向けて発表しました。しかし、歴史あるワイン産地の住民たちがアメリカの大手企業の進出をよく思うはずがありません。結局、彼の試みは失敗に終わり、このワインはほとんど売れず、多くの損失を出してしまいました。

それでも諦めないモンダヴィ氏は、当時の市長や政治家との接触を図り、ロビー活動を積極的に進めていきました。そして、ワイナリーを設立する土地をラングドックルション地方のアニアーヌ村に定め、進出計画を発表します。

政治家との繋がりを深めたモンダヴィ氏は、住民や栽培業者たちの承認を得ることにも成功し、順調にその計画を進めていきました。

ところが、この計画に大きく反対する人物が出てきます。アニアーヌ村でワイナリーを営み、「マス・ド・ドマ・ガサック」の所有者でもあるエメ・ギベール氏です。マス・ド・ドマ・ガサックは、ボルドーの一流ワインを彷彿《ほうふつ》させる深みと繊細さを兼ね備えたワインで、「南仏は安価なワイン産地」という汚名を返上したワインでもありました。

ギベール氏は、マス・ド・ドマ・ガサックを設立する際に土地の性質・特徴などを調査済みで、この地が高級ワイン用のぶどう栽培に最適であることを知っていました。そこで彼は、アニアーヌ村の将来性を声高に訴えたのです。

ラングドックルシヨンの人々にとって、高品質の南仏ワインのイメージづくりをしてくれたマス・ド・ドマ・ガサックの存在は大きく、他の生産者たちが世界に向けて営業しやすくなったのはギベール氏のおかげだと考えていたほどです。

モンダヴィ社の進出によって地元が潤うと信じていた住民たちも、次第に地元のヒーローの言葉に耳を傾けるようになります。その結果、「ワイン業界もマクドナルド化してしまう」「侵略者モンダヴィ」など、徹底的に反対側に回る住人が増え、モンダヴィ氏は窮地に追い込まれていったのです。

そして決定打となったのは、地方議会選挙において進出計画に全面反対だった共産党のマニュエル・ディアスがアニアーヌ村の村長となってしまったことです。その結果、進出計画には反対決議が下され、モンダヴィ社の南仏進出は叶わぬ夢となってしまいました。

しかしながら、豊富な日射量、広い土地、そしてぶどうが育ちやすい土壌を秘めた南仏の土地は、これからもたくさんの投資家・ワイン生産者が狙ってくることでしょう。第2のモンダヴィ社が現れる日も、そう遠くはないかもしれません。

ゲーテも愛したアルザスワイン

フランスのワイン生産地の中でも、特徴的なのがアルザス地方です。フランス北東部に位置するアルザスは、スイスとドイツの国境沿いに位置しています。その冷涼な気候から生産されるワインの約90％は白ワインで、主な品種はリースリング、ゲヴェルツトラミネール、ピノグリ、ピノノワールなどで、それらをブレンドせず、単品で使用しています。

この地で本格的にワイン造りが始まったのは6世紀末で、ゲルマン人の民族大移動のあとのことでした。そして中世に入ると、主要な交易経路だったライン川を通じ、アルザスはヨーロッパ各地へとワインを輸出していきました。ぶどうの栽培やワインの醸造・販売と、アルザスのワインビジネスは大きく発展していったのです。

特にアルザスの司教や修道院は特権を与えられ、他の生産者に比べ有利な条件でワインビジネスに関わり、大きな利益を得ました。今もなお、アルザスのストラスブールにそびえ立ち、威厳を放っているノートルダム大聖堂が当時の繁栄を物語っています。

ワイン交易が盛んになったアルザスでは、ワインの取引や品質管理とワインの鑑定を請け負うグールメという業者が誕生します。後に「グルメ」の語源となった人々です。グールメが人気商売となり、アルザスはワインだけでなくグルメの町としても発展を遂げていきました。

ところが、フランス革命勃発によりライン川の経路が閉ざされ、アルザスのワイン輸出量は急減してしまいます。さらにアルザスは、後の戦争におけるドイツとフランスの激しい所有権争いにも巻き込まれ、ぶどう畑も細分化されてしまいました。その結果、今でも一つの畑にたくさんの生産者がいるのです。

こうした歴史的背景から、ドイツに帰属していたこともあるアルザスでは、ドイツワインとの類似点が多く見られます。アルザスのボトルがドイツと同じ細長いシェープをしているのもその影響です。

また、アルザスで頻繁に使われるぶどう「リースリング種」も原産国はドイツです。リースリングは世界生産量の約60％がドイツでつくられており、フランスでリースリングが使われているのは、唯一アルザスなのです。

リースリング種を中心につくられる「VT」はアルザスの名品です。VTとは「ヴァンダンジュ・タルディヴ＝遅摘み」を意味します。収穫時期が訪れた完熟した房をあえて樹に残し、干しぶどうのような状態にして糖度の上がった段階で収穫したぶどうを使ったワインです。

また、「SGN（セレクション・ド・グラン・ノーブル）」というワインも有名です。これは、「グラン・ノーブル＝貴腐（貴腐菌）」が付着し、糖分が高くなったぶどうのみを選んで使った貴腐ワインなのですが、同じ貴腐ワインで有名なソーテルヌ地方は主にセミヨン種とソーヴィニヨンブラン種を使用しているため、その味わいは異なります。

アルザス地方で見られる細長いシェープのボトル
©Michal Osmenda

アルザスの中でも、ツィント・フンブレヒトやヴァインバックは、VTやSGNの傑作を生み出す造り手として定評があります。特にグッドヴィンテージだった1990年産はパーカーからも大絶賛を受けました。

ちなみに、ドイツの詩人であり小説家でもあるゲーテも、アルザスワインに魅了された一人です。アルザス地方に下宿していたことがあり、アルザスゆかりの文化人でもあるゲーテは、「ワインのない食事は太陽の出ない一日」「つまらないワインを飲むには人生はあまりにも短すぎる」という名言を残し、自分のオリジナルワインをつくるほどのワイン好きでした。おそらく彼が自分のオリジナルワインをつくった最初の有名人でしょう。

ワイングラスの形はなぜ違うのか？

ワインの魅力のひとつが、繊細で複雑な味わいです。同じワインでも熟成期間によってまったく味は異なりますし、ボトルから注いだあとですらグラスの中で数秒ごとに味が変化してきます。もちろん、合わせる食事によっても味わいは変化しますし、サーブする温度によっても変わってきます。

このような繊細なワインを楽しむために、特に注意したいのが「ワイングラス」です。選ぶ形によってワインの味は大きく変わってしまいます。

ワイングラスの形状が異なるのは、ワインの種類やぶどうの品種などにより、「香りの楽しみ方」「空気と触れさせるレベル」「適当な温度」「口への含み方」などが変わってくるからです。

たとえば、赤ワイン用のグラスは、白ワイン用のグラスよりも一回り大きくつくられていますが、これは空気に触れさせてタンニンの渋味をやわらげるためです。反対に白ワインは、冷たいうちに飲みきれるように小さめにつくられています。

また、赤と白の違いだけでなく、産地やぶどうの種類によっても適したグラスは変わってきます。たとえば、カベルネソーヴィニヨン用のグラスは楕円形で縦に長くなっています。これはタンニンが豊富で、空気に触れるほどワインが開くぶどうの特徴を生かし、口に入るまでの空気に触れる時間を長くして、より芳醇な味わいを表現するためです。

一方でピノノワール用のグラスは、丸みを帯びたシェープで、飲み口の部分が狭まっています。ピノノワールは繊細で複雑な香りのニュアンスが特徴なので、ワインが空気に当たる面積を広げつつ、その香りを封じ込めるように飲み口が狭まっているのです。最近は横の幅を広げ、飲み口はそのまま狭まっていないタイプも出てきています。

白ワイン用のグラスは口がすぼまっていませんが、これは口に含んだときにそのまま舌全体にワインが広がり、舌の両サイドでしっかり酸味を感じられるようにするためです。

特にモンラッシェのように酸味が柔らかく凝縮された味わいには、口の広いグラスを選びます。舌全体に味わいが広がり、柔らかな酸味と果実味、バターやクリーミーな質感を味わえます。

一方で、シャブリに代表される酸味やミネラルがしっかりしたシャルドネには、酸味を感じる舌の両サイドに直接当たらないように口のすぼまったタイプのグラスを選びます。

リースリング用の場合は、酸味、果実味、苦味のバランスを感じられるスタイルとなっています。舌先から舌の中央に流れ、果実味をキャッチして香りを楽しめるようデザインされているのです。また、リースリング用のグラスもシャルドネと同じく酸味を強く感じすぎないようデザインされています。

その他のワインでは、シャンパンはフルート形と呼ばれる長細いグラスが主流です。シャンパンの特徴である泡が綺麗に立ち上がるスタイルになっています。また、日本ではあまり見かけませんが、クープという種類のシャンパングラスもあります。

最近話題のロゼワインは白ワイン用のグラスをよく代用しますが、もともと早飲み軽飲みタイプのワインなので、グラスにこだわらずに飲むのが本来の楽しみ方です。

また、すべてのグラスに共通しているのが、「薄手のグラスほど、ワインを美味しく飲める」という点です。厚いグラスに注いだワインはすぐに温度が変わってしまいますが、薄いグラスはワインの温度に馴染むため、美味しく飲めるのです。

赤

カベルネ ソーヴィニヨン

口に触れるまでの時間を長くして、より芳醇な味わいを表現。ボルドーワインと相性がいい

ピノノワール

繊細な香りを封じ込めるよう、飲み口が狭まっている。ブルゴーニュグラスとも呼ばれる

白

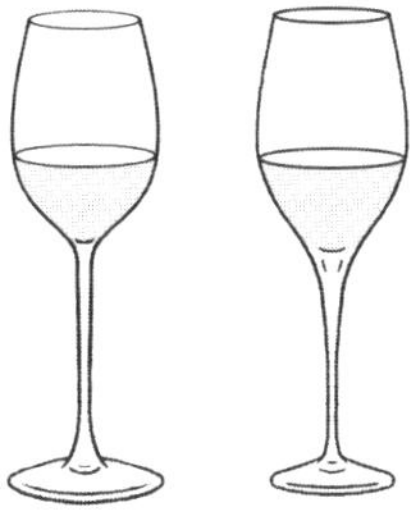

シャルドネ、リースリング

基本的に白ワインでは、酸味を感じられるよう口がすぼまっていないが、酸味がしっかりしたタイプのシャルドネやリースリング用のグラスでは、酸味を感じる舌の両サイドに直接当たらないよう口がすぼまっている

シャンパン

フルート

シャンパンの特徴である泡が綺麗に立ち上がるスタイル

クープ

欧米では昔から使われていたシャンパングラス

とイタリア

第2部

食とワイン

LIAN WINE

食が先か？ワインが先か？

イタリアワインのゆるい格付け

フランスとワインで肩を並べる国といえばイタリアです。フランスがそうだったように、ワインが古代ローマ人によって各国にもたらされ、世界共通の飲み物となったという事実は、イタリア人の誇りとなっています。

イタリアのワイン生産量は、大国フランスを抜いて世界一です。輸出量も世界2位であり、庶民的なワインから超高級ワインまで、さまざまなイタリアワインが消費大国アメリカを中心に世界中に流れています（生産量、輸出量ともに２０１７年のデータに基づく）。

ITA

イタリアではすべての州でワインが醸造されており、それぞれの土地の土壌や天候の特徴を生かしたワインがつくられています。長い歴史の中で常に小国が分立・対立を繰り返していたイタリアは、それぞれの地方や地域、都市によって文化や歴史的背景が大きく異なります。そのため、地元意識が強く、それぞれの土地に独自の風土や食文化があるように、ワインにもさまざまな種類が存在するのです。

土着品種と呼ばれる、その土地でしか栽培されないぶどう品種は約2千種類あると推定されています。フランスの品種が約100種だということを考えると、格段に多いことがわかるでしょう。幅広い品種からつくられるイタリアワインは、お手ごろなものから高級なものまで、消費者のニーズに合わせた品揃えを誇ります。

ちなみに、イタリアでは気軽に飲むワインの場合、一般的に堅苦しいマナーやルールは必要ありません。私がトスカーナ地方でトラットリア

■イタリアにある20の州

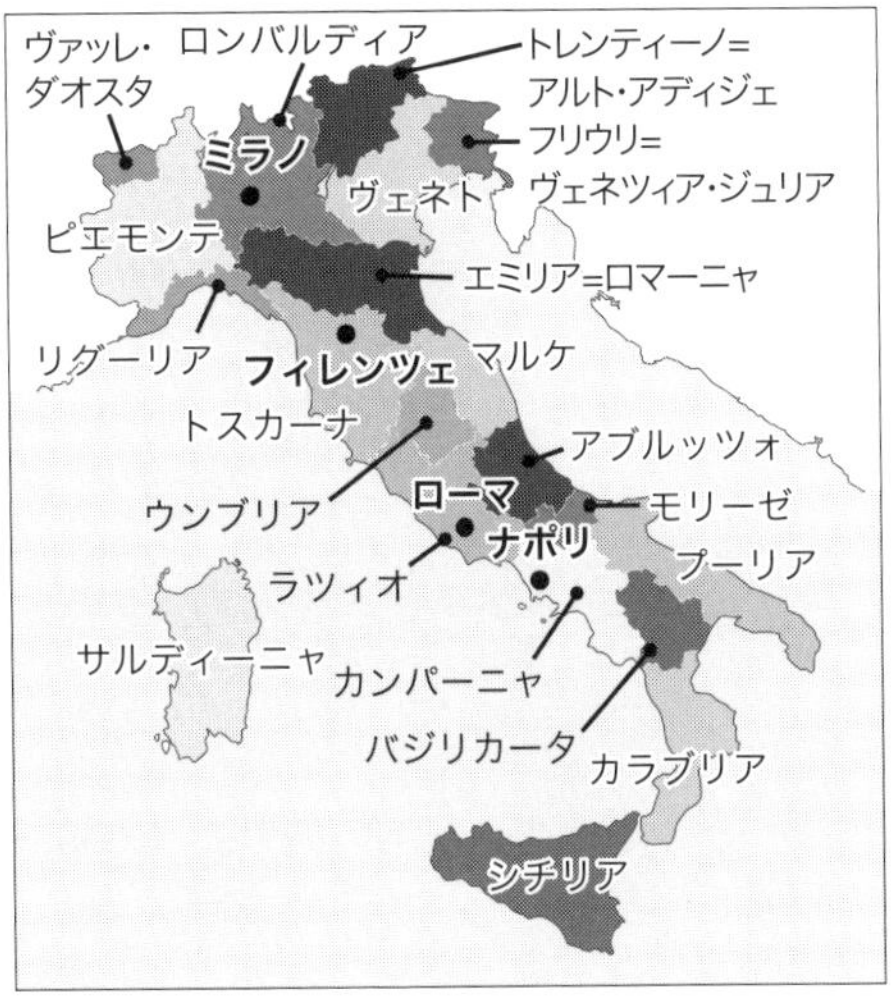

に立ち寄った際も、カウンターにワインとプラスチックカップが無造作に置かれていました。まさに、ご自由にお飲みくださいといった感じです。

試しにチーズや生ハム、野菜などと合わせ、プラスチックカップでワインを飲んでみましたが、これが非常に美味しく、地元の新鮮な食材とワインの相性は抜群でした。TPOに合わせて、時にはグラスや飲み方にこだわる必要はないという懐の深さがイタリアワインの特徴なのです。

お手軽なイタリアワインは、アメリカの市場にも定着しています。ニューヨークを中心とした東海岸では、自国のカリフォルニアワインもさることながらイタリアワインが一般的に好まれているのです。ニューヨークやボストンにイタリア系やイタリア移民が多数いることも関係しているかもしれませんが、それ以上にイタリアワインの癖のない飲みやすさが人気を後押ししているように思います。

どれを選んでも飲みやすいイタリアワインは、ワイン初心者でも気後れせずカジュアルに楽しめます。ワイン選びに迷ったらとにかくイタリアワインを選ぶというニューヨーカーも多くいるくらいです。

しかしながらイタリアは、ワインでフランスにそのお株を奪われたことは否めません。ファッションや車で世界的名声を得たように、ワインで名声を得ることはできませんでした。

イタリアが世界的なワインブランドを多数つくれなかった原因もまた、イタリア人の懐の深さにありました。悪く言えば、その〝ゆるさ〟です。

フランスでは、原産地統制呼称法（ＡＯＣ法）によってその質やブランドを国が厳しく守っていることはお伝えしたとおりです。また、ブルゴーニュにおいては畑に、ボルドーにおいてはシャトーに地域独自の格付けがなされています。こうした厳しい規定により、ワインの質が守られているのです。

もちろん、イタリアにも原産地統制呼称法があります。イタリアのワインは、ここで産地の格付けがなされており、一番厳正な規定をクリアした産地は「ＤＯＣＧ（統制保証付原産地呼称ワイン）」となり、その下に「ＤＯＣ（統制原産地呼称ワイン）」、「ＩＧＴ（地域特性表示ワイン）」「ＶｄＴ（テーブルワイン）」と、規定の厳しさの順に4段階のランクが設けられています。現在、ＤＯＣＧとして認められている産地は74箇所で、ＤＯＣは約３３０箇所です。

ちなみに、２００９年から始まったヨーロッパの新ワイン法によって、この格付けに若干の変更がありました。新ワイン法では、ＤＯＣＧとＤＯＣをまとめて「ＤＯＰ」と表わすようになっています。しかし実際のところは、いまだにＤＯＣＧやＤＯＣの表記を使っているところもあるため、旧ワイン法と新ワイン法の両方を覚えておく必要があります。

こうして今もなお続くイタリアの原産地統制呼称法ですが、フランスとは違い法律の線引きがかなり曖昧なのが実情です。

DOCGにランキングした産地でも、必ずしも品質が伴っているわけではありません。曖昧な線引きのせいで質の低いワインが出回り、ブランドの低下を招いた産地もあったほどです。

さらに政治的な事情による名ばかりのDOCGも増えていき、生産者たちは不満を募らせていきました。その結果、本来ならDOCGの獲得は「品質を国が保証します」というお墨付きをもらえることだったわけですが、多くの生産者はDOCG獲得に魅力を感じなくなってしまったのです。格付けにこだわらない、独自のスタイルでワインをつくる生産者も現れてきました。

こうしたゆるい管理により質とブランドを担保し切れなかったことが、イタリアワインがフランスに遅れをとった大き

■イタリアワインの新旧格付け

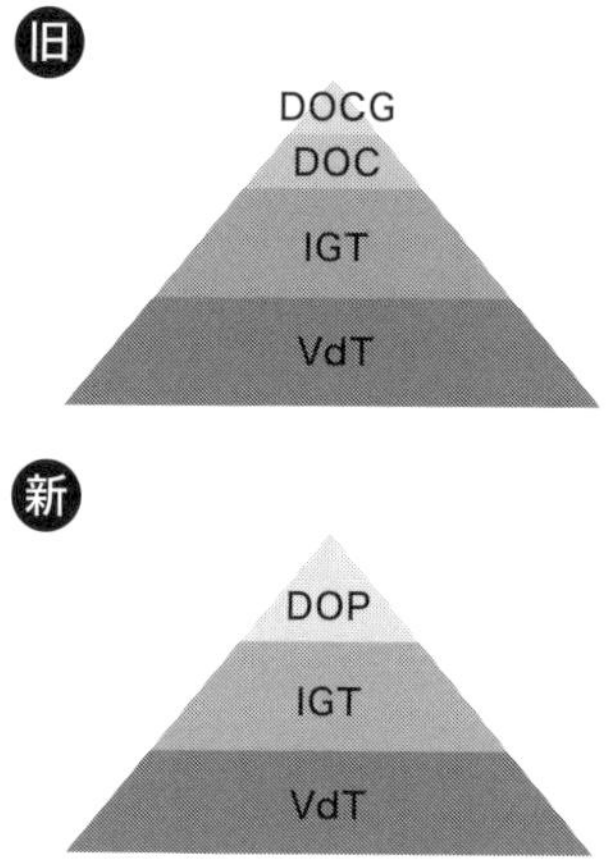

な理由のひとつです。気軽でカジュアルな国民性は、イタリアワインのよい面にも悪い面にも表れているのでした。

イタリアワインと郷土料理の見事なマリアージュ

フランスに比べてイタリアが、世界的ワインブランドを多く築けなかった理由には、そのスタイルの違いもあります。王侯貴族たちが求めたフランスワインに比べ、イタリアワインは庶民に溶け込み、質よりも量を重視した生産がおこなわれました。そのため、そもそもイタリアワインは、国外ではなく地元で消費されることが圧倒的に多かったのです。

宮廷料理とのマリアージュにこだわったフランスワインに対し、イタリアでは郷土料理や地方色が強いイタリア料理との結びつきが強いワインが多く見られます。

イタリアワインと各地の郷土料理との関係は、「The Chicken or The Egg（卵が先か、鶏が先か）」と表現されるくらいです。日本と同じく南北に長いイタリアには、地域に適した郷土料理が多種多様に存在しますが、ワインに合わせて郷土料理が発展したのか、郷土料理に合わせてワインがつくられたのか、今もワイン関係者が集まるとこの議論がなされます。

たとえば、地中海の中央に位置するサルディーニャ島は、イワシの英語名「サーディン」の語源と言われるほどイワシが豊富に獲れ、郷土料理も魚介類中心です。そのため、魚料理に合う白ワインが主流で、サルディーニャ島の土着品種とも言われるヴェルメンティーノ種100％でつくられるワインは、魚介類を使った郷土料理との相性が抜群なのです。

特にイワシは、合わせるワインによっては生臭さが目立ちますが、ヴェルメンティーノ種のワインと合わせると不思議とイワシの旨味が引き立ち、相乗効果をもたらします。日本食では、ししゃもがワインとのマリアージュが最も難しいと言われていますが、ヴェルメンティーノ種のワインと合わせてみてください。ししゃもの甘味とまろやかさが口いっぱいに広がります。

また、イタリア南部には海に囲まれたシチリア島があります。トマトなどの野菜や新鮮な魚介を使ったシチリアの料理にも、やはり地元のワインに勝る組み合わせはありません。決して高価なワインではありませんが、郷土料理と合わせるとなぜか最高に美味しい逸品となるのです。

ちなみに、イタリア南部ではアルコール度数が低めのワインが生産されていますが、これは昼からワイングラス片手におしゃべりし、話し出したら止まらない南イタリア人のためです。水やジュースのような感覚で長く飲める、軽めのワインがつくられているのです。

一方、イタリア北部では肉料理がメインで、そこでもやはり郷土料理と地元ワインが絶妙にマッチします。

たとえば、アルプス山脈の麓に位置するピエモンテ州は、厳しい寒さに耐えられるよう、肉料理や乳製品を使った料理や煮込み料理が主流です。これらしっかりとした味わいの料理にも、しっかりした味わいの地元ワインを合わせるのが鉄板となっています。

ピエモンテ州では白トリュフが有名で、お肉やクリームタイプのパスタ、リゾットにたっぷり振りかけ、その風味と香りを楽しみます。この白トリュフ料理にも、やはり地元でつくられる赤ワイン「バローロ」が最高の組み合わせになります。


このようにイタリアでは、南北で人々のライフスタイルや習慣もさまざまで、ワインの味やスタイルにもその違いが表れているのです。イタリアワインを選ぶ際には、肉料理であれば北部のものを、魚料理では南部のものを選ぶだけでも、素晴らしい料理とのマリアージュを楽しめるでしょう。

また、イタリアでは地域によってさまざまな種類のチーズが存在するので、その土地のワインと合わせてみてください。

パルメザンチーズで知られるエミリア＝ロマーニャ州は、「ランブルスコ」というアルコール度数の低い、半甘口の赤のスパークリングワインが特産ですが、よく冷やしたランブルスコと塩気の強いパルメザンチーズとの相性は抜群です。この地は生ハムでも有名で、現地では、食前に生ハムや小さく切ったパルメザンチーズをつまみながらランブルスコをいただくのが定番のスタイルとなっています。

ヴェネト州で生産される「アジアーゴ」というセミハードタイプのチーズは癖のない味わいで、イタリアの食卓に毎日あがるほどの定番チーズです。アジアーゴには、地元ワインも気を張らずにデイリーに飲めるものを合わせましょう。イタリアでは、ヴェネト州でつくられる「プロセッコ」というスパークリングワインを合わせて気軽に楽しんでいるようです。

イタリア随一の高級ワイン銘醸地「ピエモンテ」の2大巨頭

イタリアを代表するワイン銘醸地といえば、ピエモンテ州とトスカーナ州です。特にピエモンテ州は、イタリア随一の銘醸地であり、ＤＯＰに認定されている産地の数がイタリアで一番多い州になります。ピエモンテ州の産地の約9割がＤＯＰに認定されており、まさに高級ワインを生産するための地域だと言えるでしょう。

ピエモンテ州にある高級ワイン産地のうち、世界的に有名なのはランゲ地区にあるバローロ村とバルバレスコ村でしょう。

バローロ村では、3千年以上前からワイン造りがおこなわれてきました。この土地で最初にワインをつくらせたのは、ローマ軍率いるシーザーだと言われています。シーザー自身、何よりバローロワインに惚れ込んだようで、ガリア戦争から戻る際にはバローロワインを大量にローマに持ち帰ったようです。

バローロの品質がめざましく向上したのは、イタリアが統一された19世紀ごろのことでした。イタリア統一の英雄カヴールがフランスのワイン学者をこの地に招き、バローロワインの改良に乗り出したことが始まりです。これにより現在のバローロの基礎が築かれ、今日までそのワイン造りが継承されてきました。

1787年には、後のアメリカ大統領トーマス・ジェファーソンにより、バローロの存在がヨーロッパ中に発信されました。当時、ヨーロッパ各国を巡ってさまざまなワインを口にしていたジェファーソンの影響力は大きく、彼の好んだワインはすぐにその評判が広まる状態でした。ジェファーソンは、バローロに対して「ボルドーのように滑らかで、シャンパンのように生き生きしている」とコメントを残し、バローロの名声は一気にヨーロッパ中へ広がったのです。

「The King of Wines, the Wine of Kings（ワインの王様であり、王様のワイン）」と称されるバローロは、芳醇な香りと圧倒的な力強さを兼ね備えた、ほかでは絶対につくれない類稀《たぐいまれ》なワインです。

フランスでは、青カビチーズに太刀打ちできるのは甘味のある貴腐ワインだけだとされ、特に甘味がこってりとしたソーテルヌの貴腐ワインを合わせますが、ピエモンテ州でも地元でつくられる青カビタイプのゴルゴンゾーラチーズに、どんな強い味わいにも引けを取らないバローロやバルバレスコを合わせます。

ちなみに、バローロと名乗るには、バローロ村近辺のDOCGで規定されたエリアから収穫されたネッビオーロ種のみを使わなければなりません。

熟成期間も厳しく定められており、バローロの場合は38ヶ月、バローロ・リゼルヴァの場合は62ヶ月です（熟成期間がより長いことを示す際に、イタリアでは「リゼルヴァ」と表記します）。

販売の時期も収穫から4年以降、リゼルヴァであれば6年以降と定められており、生産者たちは長い間投資資金を回収できません。ボルドーのようなプリムールシステム（先物取引）が確立されていないこともあり、バローロ・リゼルヴァを生産する造り手は少なく、その本数も限られています。

さらには、長い熟成を経て晴れて出荷となったあとも、最低4、5年は寝かせなければ、真のバローロの味わいになりません。辛抱強く待つことで、パワフルでリッチな味わいの中に複雑さが混じった、どんなワインにも勝る貫禄が出てきます。長い長い熟成を経て、ようやく「ワインの王様」に見合う味わいに達するのです。

しかし最近では、長期熟成を必要としないバローロも生まれてきています。独自のスタイルを貫く「バローロ・ボーイズ」と呼ばれる近代派がつくるワインです。彼らがつくるバローロは若々しくフレッシュで長期熟成を必要としません。リリース後、すぐに飲めるスタイルが今の時代にマッチしているようで、若い世代を中心に人気が高まっています。

長期熟成型の重厚な伝統派、そしてフレッシュで若々しい近代派がうまく共存し、さまざまなスタイルを表現しているのがバローロの面白いところでもあります。

一方のバルバレスコは、その知名度はバローロに押されていますが、こちらも最高級赤ワインを産出する銘醸地です。生産者が「バルバレスコ」と名乗るワインをつくるには、バローロと同じくネッビオーロ種100%の使用が条件づけられています。

バルバレスコといえば、「イタリアワインの帝王」の異名を持ち、イタリアを代表する造り手アンジェロ・ガヤのお膝元です。17世紀半ばごろから続くガヤファミリーの4代目アンジェロ・ガヤは、イタリアの伝統的なワイン産地でフランス系品種を使用したり、ユニークなワイン名をつけたりするなど、常識にとらわれない革新的な造り手としても知られています。

1978年には、ガヤは突如バルバレスコの畑からネッビオーロ種を引き抜き、フランス品種のカベルネソーヴィニヨンを植えています。当時のイタリア、特にピエモンテ州はワイン造りにおいてフランスをライバル視しており、イタリアの土着品種を使用した独自の醸造法を貫いていた時代でした。そんな時代において、ガヤは畑のぶどうをすべてフランス品種に植え替えてしまったのです。

何よりも驚きを隠せなかったのは父親のジョバンニでした。彼は、「なんて残念なことを（イタリア語で「ダルマジ」）」と嘆き悲しみました。ガヤはその父親の思いをワインの銘柄として命名し、こうしてカベルネソーヴィニヨン主体の「ダルマジ」が誕生したのです。

ピエモンテ州の規定のぶどう品種を使用していないダルマジはDOCGバルバレスコを名乗れず、DOCランゲとしてリリースされています。ダルマジの出現と成功は、バルバレスコの土地にはネッビオーロ種しか合わないというそれまでの固定観念を覆しました。

また、1960年代には、ガヤは世界で初めてバルバレスコの単一畑（一区画の畑

ガヤが「DOC ランゲ」に格を下げて出したワイン。右から「ソリ・ティルデン」「ソリ・サン・ロレンツォ」「コスタ・ルッシ」「コンテイザ」「ダルマジ」「スペルス」

からつくられるワイン）をリリースしました。自身の所有する畑のうち、特に個性的な３つの畑「ソリ・サン・ロレンツォ」「ソリ・ティルデン」「コスタ・ルッシ」を単一畑としてリリースしたのです。

そして１９９６年産からは、ネッビオーロ種１００％でつくられていた単一畑のワインに５％のバルベーラ種をブレンドしています。ただし、「ＤＯＣＧバルバレスコ」と名乗るためにはネッビオーロ種１００％使用が条件のため、ガヤの単一畑のワインはＤＯＣＧを名乗ることができなくなりました。

しかし、ガヤはＤＯＣＧには固執せず、格を下げて「ＤＯＣランゲ」としてリリースしています。ＤＯＣＧバルバレスコという格を捨ててまで、妥協を許さずに味を追求するのがガヤのワイン哲学なのです。

バローロでガヤがつくった「スペルス」と「コンテイザ」も同じく単一畑ですが、これらにもガヤは約10%のバルベーラを加え、「DOCランゲ」として売り出しています。

しかしガヤのあとを継いだ娘は、2013年産からの単一畑シリーズをすべて100%ネッビオーロ種に戻し、格付けをDOCGに戻しています。

高すぎた有名税？　キャンティを襲った悲劇

イタリアを代表するもう一つの銘醸地がトスカーナ州です。ピエモンテと肩を並べる高級ワイン産地ですが、ピエモンテがブルゴーニュのように単一（1種類）のぶどうでワインをつくることが多いのに対し、トスカーナではボルドーのようにぶどうをブレンドする生産者が目立ちます。

トスカーナで世界的に最も有名なワインといえば「キャンティ」でしょう。イタリアのワイン産地の中でも特に古い歴史を持つキャンティでは、紀元前にはぶどう栽培がおこなわれ、中世にはすでにワイン造りが盛んにおこなわれていたという記録が残っています。フィレンツェの裕福な商人や貴族たちを顧客に持ち、古くからワイン産地として栄えていたのです。

親しみのあるネーミングのキャンティは、１９８０年代の日本でも人気が沸騰し、話題となりました。丸いボトルを藁《わら》に包んだ瓶（フィアスコ）を覚えている人も多いかと思います。

中世にはトスカーナを中心にこの藁の瓶が主流で、通常のボトルが普及するまではこのフィアスコが使われていました。15世紀のトスカーナ地方の絵画にもこの藁の瓶がよく描かれています。キャンティはこの特徴的なボトルを復刻させ、ブランド戦略を試みたのです。

その見た目の珍しさもあって日本でも大量に輸入されましたが、その特徴的な形は流通には不向きであり、お店に飾るにも場所を取るため定着はしませんでした。シンプルが好まれる今の時代にはビジネス的にマッチしなかったのかもしれません。

ただし、今でもキャンティといえばあの藁に包まれたフィアスコを思い出しますから、マーケティング的

藁に包んだ瓶が特徴的なキャンティ

には成功だったのでしょう。

キャンティには、質の悪いワインが出回り、そのブランドが失墜した過去があります。実は、ルネサンス期から国外にその名を轟《とどろ》かせていたキャンティは、昔から偽物が出回るほどの大変な人気銘柄でした。

1716年には、「なんちゃってキャンティ」が多く出回っている現状に危機感を覚えたトスカーナ大公コジモ3世により、キャンティをつくっていい地域の境界線が引かれます。

しかし、「キャンティ」と名がつけば何でも高く売れていた時代だったため、境界線からわずかに外れた生産者が癒着で境界線を広げてもらったり、キャンティと偽ってワインを売ったりと、その状況は改善されませんでした。

また、境界線に入っていた生産者たちも「キャンティ」というブランドの上にあぐらをかき、手抜きでワインをつくるなどしたため、その質はどんどん低下してしまったのです。

こうした事態を改善するために、1932年には、最初に引かれた境界線を「キャンティクラシコ」とし、広がった境界線を「キャンティ」とするよう区別しました。

要するに、昔からキャンティをつくっている地方だけがキャンティクラシコという名称を使えるというルールを定め、粗悪品が流通するキャンティとの差別化を図ったのです。

さらに、1996年にはキャンティクラシコはDOCGを獲得し、キャンティクラシコと名乗るには、ぶどうの品種とブレンド率、熟成期間など独自の決まりをクリアしなければならなくなりました。そして2012年には、キャンティクラシコの地域でのキャンティの生産も禁止され、その差別化はさらに明確になっています。

ちなみに、キャンティクラシコには「黒い鶏」がシンボルマークとしてボトルに使用されていますが、その背景には、面白い伝説があります。

中世の時代、フィレンツェとシエナがまだ別々の国家だったときの話です。両国の境界線を取り決めることになり、それぞれの国から騎士が馬でスタートし、出会った地点を境界線とすることになりました。そして、スタートの合図はそれぞれの選んだ鶏が朝一番に鳴いたときとされ、シエナは白い鶏を選び、フィレンツェは黒い鶏を選んだのです。

キャンティクラシコのみが使用できるシンボルマークの黒い鶏

フィレンツェ側は前日からあえて鶏にエ

サを与えず、お腹が空いた鶏は朝早くから鳴き出し、その声と同時にフィレンツェの騎士は馬で飛び出しました。早くスタートを切れたフィレンツェの騎士は、ほぼシエナの近くまで走り、キャンティのエリアを含むほとんどの土地がフィレンツェ共和国の領地となったのです。

このフィレンツェが選んだ黒い鶏を、キャンティクラシコは勝利のシンボルとして使うようになりました。今でも、キャンティクラシコのワインだけがこのシンボルマークをボトルにつけることができます。

世界中のワイン愛好家が欲しがるスーパータスカン

近年、トスカーナ州の「スーパータスカン」という高級ワインが注目を集めています。1990年代ごろから生産が始まったスーパータスカンは、バローロやバルバレスコなどのような特定の地域の名前ではありません。

スーパータスカンとは、「トスカーナでつくられる法に縛られないワイン」のことであり、イタリアのワイン法に定められた品種や製造法にとらわれず、最高品質の味わいを追求したワインです。カリフォルニアの高級ワインを彷彿させるその味わいで、アメリカでは今、空前のスーパータスカンブームが起こっています。

スーパータスカンの先駆けと言われるのが「サッシカイア」です。サッシカイアは、1940年代にボルドーのシャトー・ラフィット・ロスチャイルドからカベルネソーヴィニヨン種の苗を譲り受け、自社の畑で栽培を始めました。

当時のイタリアでは、フランス系のぶどうを使用することはタブーとされていましたが、サッシカイアは一部から聞こえてくる批判や中傷をものともせず、フランス品種でイタリアワインの生産を開始し、本格的な販売に乗り出したのです。

イタリアの格付けの最低条件であった「地元のぶどう品種を使用する」ことをしなかったサッシカイアは、ワインの品質に関係なく「テーブルワイン（ＴｄＶ）」という最低ランクをつけられてしまいます。

スーパータスカンの先駆けと言われるサッシカイア

しかし、その評判は徐々に高まり、格付けにこだわらないイタリアの生産者たちがサッシカイアに続けと、自由な発想で本当に美味しいワイン造りを追求し始めました。

その動きを後押ししたのは、イタリア以外の国でサッシカイアが高評価を受けたことです。1978年、イギリスの権威あるワイン雑誌『デキャンタ』が、サッシカイアを「ベスト・カベルネソーヴィニヨン」に選びました。

1985年産にいたっては、アメリカのワイン評論家ロバート・パーカー氏が文句なしの100点満点を与えています。イタリアワインで初めてパーカーポイント100点を獲得するという快挙を成し遂げたのです。1985年産のリリース価格は1本数千円でしたが、今では30万円以上の値がついています。

テーブルワインという最下位のランクでありながら最高の評価を獲得したサッシカイアは、イタリアワインの新しいムーブメント「スーパータスカン」の象徴となりました。

そのブームに乗って1987年に発表されたのが「マセット」です。イタリアの新生ワイナリー「オルネライア」がフランスのメルロー種100%でつくったマセットは、軒並みパーカーポイント高得点を獲得しました。パーカーポイント100点を獲得した2006年産マセットは、今ではオークションでも入手しにくいヴィンテージです。2007年産、2008年産についても、2018年に開催された香港のオークションで、1ケース（12本）11万6850香港ドル（約160万円）という高落札額を達成しています。

多くの評論家からの高評価に後押しされ、スーパータスカンはアメリカ市場にも参入し、成功を収めました。既存の醸造法にこだわりがないアメリカの消費者たちは、格付けを放棄し、独自のスタイルを貫いたスーパータスカンのマインドをヒーロー的に受け入れたのです。

２００５年には、クリスティーズでオルネライアのデビューヴィンテージ20周年を記念したオークションが開催されましたが、ここでもスーパータスカンは好評を博しました。

パーカーポイント100点を獲得した2008年産のマセット

オークション前日に開催したマセットのテイスティングディナーには、メルローワインの大御所ペトリュスやルパンのコレクターたちが招かれ、同じメルロー種でつくられるマセットを試飲してもらいました。

テイスティングをしたコレクターたちは、一様にマセットに魅了されていました。アメリカ人が好むパワフルでリッチな味わいに繊細さが備わった新鮮な面持ちは、フランス贔屓だったコレクターたちのハートも鷲掴《わしづか》みにしたのです。

翌日のオークションではお目当てのマセット獲得に躍起になる参加者が続出し、当然、落札価格も予想を大きく超える高値となりました（今ではその3倍の値になっています）。

スーパータスカン成功の背景には、こうして巨大なアメリカ市場を虜にしていったことがあげられます。アメリカの巨大市場を手中に収め、その実力をメキメキと上げていったのです。今では、イタリアワインとしては常識破りの高値で取引されています。

一夜にして有名になったイタリアのシンデレラワインとは？

イタリアのワイン産地の中で、特にめざましい発展を遂げているのがトスカーナ州のモンタルチーノ地区です。14世紀からワイン造りがおこなわれているこの地のワインは、歴史はあるものの品質が伴わず、もともとは決して他国へ輸出できる代物ではありませんでした。そのため、モンタルチーノの生産者たちは、長年、地元で消費されるワイン造りに甘んじていたのです。

そんな土地に革命を起こしたのが、「ブルネッロ・ディ・モンタルチーノ」というワインの創生者と言えるビオンディ・サンティ社でした。19世紀中ごろ、ヨーロッパ中を襲った害虫フィロキセラがモンタルチーノにも上陸し、ビオンディ・サンティ社のぶどう畑も壊滅に追い込まれます。

そんなあるとき、当時の当主フェルッチョ・ビオンディ・サンティは、自身の農園でサンジョベーゼ種が突然変異したぶどうを発見しました。変異したぶどうは、これまで使っていたサンジョベーゼに比べると、濃縮されたエキスがたっぷり詰まった果実味で、酸もタンニンも豊富。絶妙なバランスのぶどうだったのです。

「害虫にやられたモンタルチーノ地区全体を立て直すには、この変異したぶどうが必要だ！」。そう考えたフェルッチョは、さっそく新種の研究・育成・栽培に取り掛かりました。

ところが、この新種は長期熟成を必要とし、すぐに出荷ができず、資金回収を急ぎたい貧しい生産者たちには厳しい条件の品種でした。その結果、多くの生産者が新種の栽培を諦め、モンタルチーノから離れていってしまったのです。

しかし、残ったわずか数名の生産者たちが新種のぶどうの栽培と醸造をし続け、徐々にモンタルチーノはこの新種で注目を浴びるようになりました。後にその新種はブルネッロ種と名付けられ、モンタルチーノ地区のワインは「ブルネッロ・ディ・モンタルチーノ」と呼ばれるようになります。

こうして注目を集めた結果、1960年にはわずか11社だったモンタルチーノの生産者は約250社にまで増加し、今では世界有数の銘醸地となりました。

そして今、モンタルチーノから数々の著名な生産者が生まれ、世界中のコレクターがこの産地に熱望の視線を送っています。個性を持ったユニークな造り手が続々と誕生しているのです。

特に注目を集めているのがカサノバ・ディ・ネリです。カサノバ・ディ・ネリは、2006年に開かれた権威あるワインテイスティングで見事1位を獲得し、一躍スターの階段を上ることになりました。

そのテイスティングとは、アメリカのワイン雑誌『ワインスペクテーター』が毎年おこなうブラインドテイスティングです。厳正かつ公正な審査方法で毎年上位100本のワインを選ぶこのテイスティングは、一般の消費者だけでなく、ワイン業界の関係者も信頼するものです。結果次第では、無名のワインが一夜にしてシンデレラワインになることもあります。

そして、2006年にこの権威あるテイスティングで1位に輝いたのが、カサノバ・

ディ・ネリがつくる2001年産「ブルネッロ・ディ・モンタルチーノ　テヌータ・ヌオーヴァ」でした。満場一致の高評価を得たカサノバ・ディ・ネリは、一夜にしてイタリアを代表する生産者となったのです。

異彩を放つカーゼ・バッセも、断固とした哲学を持つブルネッロ・ディ・モンタルチーノの造り手です。カーゼ・バッセの創業は1972年で、元保険会社の社員だったジャンフランコ・ソルデーラ氏がワイン造りに情熱を持ち、モンタルチーノの地でカーゼ・バッセを購入したことが始まりとなりました。

独自の哲学に従ってエコシステムの環境を整え、栽培も醸造もオーガニックでおこなうカーゼ・バッセのワインは、高級ワインとして人気を博しました。

ところが2012年、高級ワインとして順調に進んでいた最中、カーゼ・バッセに悲劇が襲います。熟成中だった2007年から2012年産の6年間分のワインが、大樽から流れ出てしまったのです。その量は、なんと8万5千本分でした。

この件に関してすったもんだがあったすえ、ソルデーラ氏はモンタルチーノ協会から脱退してしまいます。自身の信念を貫いての決意だったそうです。

協会から脱退したカーゼ・バッセは、2006年産のヴィンテージからは「IGTトスカーナ」として売り出されています。下位格付けのIGTとはいえ、売り切れ続出の人気ぶりで、本国イタリアでもなかなか出会えません。

メディチ家も愛した最高級赤ワイン「アマローネ」

イタリアのヴェネト州についても紹介しておきましょう。イタリアの北東部に位置し、平野や丘陵地帯が連なっているヴェネトは、ぶどうの栽培にとても恵まれた土地です。中世からドイツやオーストリアへ輸出をおこなうなど、古くからワイン造りがおこなわれてきた産地でもありました。

地域によって気候が大きく変化するヴェネトでは、気候や土壌に合わせて赤ワイン、白ワイン、発泡性ワインなど、さまざまなタイプのワインが産出されています。その生産量は、イタリア国内でもトップを誇るほどです。

ヴェネトが誇る発泡性ワイン「プロセッコ」の一種

ヴェネトで有名なワインに発泡性ワインの「プロセッコ」があります。発泡性ワインの代名詞となるほど国内外で人気があり、2010年には最高ランクのDOCGに昇格した品質の向上がめざましい有望株です。国外からも人気を集め、食前酒として親しまれています。

また、ヴェネトでは全生産量の約70%を白ワインが占めていますが、ガルダ湖の近くでつくられる白ワイン「ソアーヴェ」も有名です。ソアーヴェはアドリア海の海産物との相性が抜群で、お手ごろ価格なデイリーワインとして人気を博しています。

そして、ヴェネトで最も注目したいワインが「アマローネ」です。ロミオとジュリエットでお馴染みのヴェネト州ヴェローナ地区で、限られた生産者によって少量生産される最高級赤ワインです。

甘美な味わいのアマローネは、「心も体もとかしてしまう」と表現されるほどとても滑らかでセクシーな味わいで、かつては王侯貴族しか口にすることができない希少性の高い贅沢品でもありました。

アマローネが贅沢なワインとされる理由は、その醸造法によります。アマローネを仕上げるためには、長い年月を必要とするのです。

まず、十分糖度が上がった良質のぶどうだけを丁寧に選別し収穫します。そして、摘まれたぶどうをスノコの上で約4ヶ月間も陰干しし、干しぶどうのような状態にして糖度を上げるのです。

水分が抜け、糖度が上がったぶどうはゆっくり発酵していきます。ゆっくり時間をかけて発酵させることで、アマローネの魅力であるビロードのような口当たりとエレガントさが際立つ、まろやかなワインに仕上がるのです。その熟成には2～6年を要します。さらにその後、瓶に詰められてから1～3年の瓶熟成をおこなえば、ようやく出荷できます。こうして長い時間をかけ、丁寧に贅沢につくることにより、唯一無二のアマローネが生み出されているのです。

ちなみに、アマローネという名前の由来には、『神曲』で有名なダンテの末裔が関わっているとも言われています。

政争に巻き込まれてフィレンツェを追われたダンテは、現在のアマローネの産地に腰を落ち着けました。そして、１３５３年にはダンテの末裔がこの地（ヴァイオ・アルマロン）で農園やぶどう畑を購入し、アマローネをつくり始めたのです。このアルマロンという地名がアマローネの語源になったとも言われています。

最高級赤ワインとして有名なアマローネの一種

古くからの歴史を持つアマローネは「味わうアート」とも表現され、それぞれの時代の歴史的人物にも愛されてきました。華麗なる一族と呼ばれるメディチ家もアマローネをこよなく愛し、その発展を助けています。

トスカーナ大公国の君主としてフィレンツェを支配し、富と文化を発信していたメディチ家は、膨大な財力でルネサンス文化・芸術・音楽を支援しました。メディチ家はフィレンツェの一族でしたが、ヴェネト州で生産されるアマローネをひどく気に入り、頻繁にアマローネを取り寄せていたようです。

妖艶なアマローネの味わいは、芸術をこよなく愛したメディチ家一族の舌すら惹きつけたのでした。

シャンパン以上の実力⁉ 業界が期待するフランチャコルタ

世界的に有名な発泡性ワインといえば、フランスのシャンパンが代表的です。シャンパンは、フランスのシャンパーニュ地方の厳しい規定を満たした発泡性ワインの名称であり、最高峰のシャンパンであるドンペリは、古いヴィンテージであれば1本100万円を下りません。オークションでもコレクターたちが血眼になってドンペリを競り落としています。シャンパンというブランドは時に人々の金銭感覚を狂わせてしまう魅力を持っているのです。

そんなシャンパン熱を少々鎮めてしまうかもしれないのが、イタリアの発泡性ワイン「フランチャコルタ」です。フランチャコルタは、北イタリア・ロンバルディア州のフランチャコルタ地域で生産され、イタリアで初めてＤＯＣＧの認証を受けた発泡性ワインでもあります。

イタリアではＤＯＣＧの線引きが曖昧だとお伝えしましたが、フランチャコルタは非常に厳しい規定を設け、フランチャコルタ協会により厳格に検査がおこなわれています。１ヘクタール当たりに定められたぶどうの収穫量はシャンパンよりも少なく、ぶどうの大量生産による質の低下を防いでいます。

また、瓶内熟成期間はシャンパンの最低熟成期間15ヶ月より長く、18～60ヶ月以上を要します。さらに、瓶内熟成後にも重要な熟成工程をおこないます。熟成期間を満たし、瓶内二次発酵がおこなわれたボトルは、瓶内で泡とワインを馴染ませる工程が義務付けられているのです。発泡を落ち着かせるために、温度と湿度がコントロールされた倉庫で数ヶ月から数年間保管され、ようやく出荷が認められます。

フランチャコルタでつくられる発泡性ワイン

このようにじっくり熟成させることで味わいに深みが増し、繊細な口当たりと華やかな泡立ちが生まれます。エレガントで気品のある味わいは、シャンパンにまったく引けをとりません。

しかし、残念なことにそのブランド力や知名度は、まだまだシャンパンに追いついていないのが現状です。最近は、フランチャコルタ協会が積極的にマーケティングを広げていますが、それもまだ実を結んでいません。

フランチャコルタの生産者も100社ほどで、その数はシャンパンのわずか5％ほどです。そのため流通量が少なく、各国への輸出が行き届いていません。「フランチャコルタ」というブランドを世界に轟かすには、シャンパンのように大量の本数が必要になりますが、現状はそのほとんどがイタリア国内の消費で終わってしまっているのです。さらに、シャンパンをはるかに超える厳しい規定が義務付けられているため、新しい生産者が増えにくいという現実もあります。

このように、まだまだ歴史が浅く、シャンパンのような付加価値がつくまでには至っていないフランチャコルタですが、大きなポテンシャルを秘めた産地であることは間違いありません。

初心者のためのワイン講義 ❹

ワインボトルの形と大きさ

皆さんは、ワインボトルの形の違いに気づいていたでしょうか？ ワインボトルの形状は、大きくボルドータイプとブルゴーニュタイプに分けられます。

ボルドータイプのボトルは「いかり肩」と呼ばれ、肩の部分がはった形になっています。ボルドーワインはタンニンが多く含まれる長期熟成型のため、澱《おり》（タンニンやポリフェノールが結晶化したもの）がたくさん出ます。ワインをグラスに注ぐ際にこの澱が入らないよう、肩の部分に澱がたまるいかり肩の形状が好まれたのです。

一方、ブルゴーニュタイプのボトルは、ボルドーワインに比べて澱や沈殿物が少ないため、なで肩の形になっています。

また、ブルゴーニュでは古くからカーブと呼ばれる地下室にワインを貯蔵していましたが、狭いスペースに無駄なく効率的に保管するためにも、ワインを交互に入れられるこの形状が好まれたようです。

これらのボトルの形状は、基本的に産地ごとに規定があり、許可されていない形状のボトルで販売することは許されていません。ただし、メドック格付けで1級に輝いたシャ

ボルドー形

長期熟成した際にできる澱がグラスに入らないよう「いかり肩」のスタイルになっている

ブルゴーニュ形

澱や沈殿物が少ないブルゴーニュワインは、保存しやすいように「なで肩」になっている

トー・オー・ブリオンだけは独自の形状を使用しています。首が長く、なで肩に近いボトルですが、1958年産からこのような形となっています。

またボトルの大きさ（容量）にも、さまざまなタイプがあります。通常サイズは750mlで、フランス語でブテイユ、英語ではボトルと呼ばれます。その倍の1500mlサイズはマグナムボトルと呼ばれ、オークションでもよく流通するサイズです。

そのほかにも、ワインボトルには10種類以上のサイズあり、現在つくられている最大のボトルサイズは30ℓ（ボトル約40本分）にも及びます。

そして、各サイズのボトルには聖書由来の名前がつけられています（ボルドータイプのボトルは呼び名が多少変わりますが）。

たとえば、6000ml（ボトル8本分）サイズは「マチュザレム」と呼ばれますが、これは旧約聖書の創世記に登場する長老の名前です。969歳まで生きたと言われる彼は、洪水を生き延びたノアの祖先であり、人類で初めてぶどう園にぶどうの木を植えたとされる人物です。

9000mlサイズ（ボトル12本分）は「サルマナザール」と名付けられており、これも、旧約聖書に登場するアッシリアの君主シャルマネセル（Shalmanazar）3世から命名されたとされています。

ほかにもジェロボアム、バルタザール、ナピュコドノゾールなど、聖書由来の名前が多くありますが、ここからもワインは、やはりキリスト教と切っても切れない関係にあったのだとわかるのです。

GERMANY
PORTUGAL

ヨーロッパが誇る古豪たちの実力

「安かろう、悪かろう」のイメージを一新する新生スペインワインたち

ワイン生産量で世界第3位のスペインは、フランスやイタリア同様に古くからワイン醸造がおこなわれてきた国です。

広い大地と燦々《さんさん》と輝く太陽に恵まれるスペインでは、紀元前からぶどうの栽培がおこなわれてきました。古代ギリシャ人によってワイン造りがもたらされ、ローマ帝国によりワイン生産技術の向上が進められたスペインは、今ではぶどうの栽培面積やワイン生産量で、フランスやイタリアと肩を並べるワイン大国になったのです。

SPAIN
ENGLAND

ヨーロッパの他国がうらやむほどの豊富な日射量に恵まれたスペインでは、かつてはアルコール度数が高くタンニンのしっかりしたワインがつくられていました。その特徴を生かし、冷涼な気候で生産される味の弱いフランスやドイツのワインのブレンド用にも利用され、長期保存可能で国外輸送に適したワイン造りが盛んだったのです。

こうしたスペインらしいパワフルなワイン造りの伝統は、今日まで脈々と継承されています。

スペインの伝統的なワインのひとつ「シェリー」は、世界3大酒精強化ワイン（アルコールを強くしたワイン）のひとつでアンダルシア州の名品です。ブランデーなどのアルコール度数の高いお酒を入れ、糖分やアルコール分を上げることで深い味わいをつくるシェリーは、食前酒や食後酒、カクテルなど、ＴＰＯに合わせてさまざまなスタイルで楽しまれています。

3大酒精強化ワインの残り2つは、ポルトガルでつくられるマデイラとポートワインです。アルコール分を高める理由は、ポルトガルやアンダルシア地方のような暑い産地において、ワインの酸化・劣化を防止する目的がありました。

日本のスペインバルなどでもよく見かける「サングリア」の本場も、スペインやポルトガルです。ワインにフルーツやスパイスを漬け込んだフレーバードワインとして、地元ではホットでも楽しまれています。サングリアは、もともと美味しくなかったワインを飲みやすくしたのが始まりでしたが、最近はワインにフルーツやジュースを入れてカクテルとして楽しむ人も増えています。

こうした特徴的なワインを生み出すスペインですが、国内の不安定な状況が続いたことでワイン造りも長らく低迷し、質の面ではフランス、イタリアに遅れをとっていることは否めません。フランスとイタリアに比べると、代表的なワイナリーははるかに少ないのが実情です。

しかし、それでも隠れた名品はいくつも存在します。たとえば、１８７９年設立のクネ社がつくるワインもスペインの名品です。スペインでも法律によってワインの品質が厳しく定められ、ブルゴーニュ同様に土地ごとにランク付けがなされていますが、クネ社は最高ランク「ＤＯＣａ」の土地・リオハに畑を持つワイナリーです。

中でも、アメリカのワイン雑誌『ワインスペクテーター』が２０１３年のベストワインに選んだ「クネ・インペリアル・リオハ・グランレゼルバ」はアメリカのワインショップでもすぐに完売になってしまったほどでした。

また近年では、ＤＯＣａより格下のＤＯからも、評価の高いワインが出てきています。たとえば、ＤＯランクの産地にある１８６４年設立のヴェガシシリア社の看板ワイン「ウニコ」や、ヌマンシア社でつくられる「テルマンシア」がそのひとつです。
ウニコはその生産数の少なさからオークションでも人気の銘柄で、特に1962年産は熟成とともに年々評価が高まっています。

スペインの名品ワインたち。左からウニコ、テルマンシア、クネ・インペリアル・リオハ・グランレゼルバ

2012年にはパーカーの一番弟子ニール・マーティン氏によって堂々の100点満点が与えられ、「間違いなく、この世で最高のスペインワイン」と称されました。「テルマンシア」も2004年にワイン評価誌『ワインアドヴォケイト』が100点満点をつけ話題になっています。

スペイン独自のカヴァという発泡性ワインも、スペインが世界に誇るワインのひとつです。生産量の約95%がカタルーニャ州でつくられているこの発泡性ワインは、フランスのシャンパーニュと同じく瓶内二次発酵をおこなっています。

二次発酵はタンク内で発酵させたり、炭酸ガスを注入するものとは違い、手間のかかる作業です。一つひとつ丁寧につくられることで、キメ細かな泡が立ち上がります。現在、カヴァは年間約2億本も販売され、少量生産で高品質を生み出す家族経営の生産者も存在し、質・量ともにシャンパンを脅かす存在になりつつあります。

さらに、1990年代半ばごろからは、新しいスタイルのスペインワインも誕生してきています。イタリアから「スーパータスカン」や「バローロ・ボーイズ」が誕生したように、スペインからも「プレミアム・スパニッシュ」「モダン・スペイン」と呼ばれる、モダンなラベルにシックなイメージを兼ね備えた新生ワイナリーが、評論家の最高得点を伴って華々しく登場したのです。

彼らは地元のぶどう品種にこだわらず、少量生産で品質重視のワインをつくり、長年大量生産で強靱なワイン造りが主流だったスペインに新しい流れを起こしました。

特に最近注目を集めるのは、カタルーニャ州プリオラートで生産されるワインです。フランスとの国境近くに位置するプリオラートは、もともとはワイン産地として栄えていましたが、19世紀にぶどうの害虫に襲われてぶどう畑が全滅してしまった土地です。

過疎化してしまったプリオラートでしたが、ぶどう栽培に適しているこの地へ多くの醸造家が戻り、再びワイン産地として盛り上がりをみせています。そこでは、フランス品種と土着品種をブレンドし、伝統と革新の新しいスタイルが生み出されているのです。

新たなプリオラートワインは評論家から高評価を得ており、今ではパーカーポイント98～100点を獲得した銘柄が38も生まれています。

凍ったぶどうからつくられる⁉ドイツ特産の「アイスワイン」

日本がバブルに沸く80年代、日本でワインといえばドイツワインでした。この頃、甘くて安価なドイツワインが大量に日本に輸入されていたのです。その後、日本はフランスワイン一辺倒となり、ドイツワインの影は薄れています。

ドイツワインがいまひとつ日本に根付かなかった理由はその甘い味わいだけでなく、ドイツワインの「難しさ」にあったのかもしれません。

ドイツワインには、甘さによりランク付けがあり、一番甘い種類のワインには「トロッケンベーレンアウスレーゼ」ととても長い名前がつけられています。覚えるだけでも一苦労です。

このラベルの読みづらさが、多くのワイン関係者が一番にあげるドイツワインが世界に羽ばたけなかった要因です。私も、ドイツワインのラベルには何度も苦労させられました。

また、今では輸出の4分の1がアメリカに行くドイツワインですが、以前はニューヨークのワインショップで見かけることはほとんどありませんでした。これは、ニューヨークでお酒の仕事に関わる人たちにユダヤ系が多く、歴史的背景からドイツワインの輸入を拒んでいた時代があったからのようです。

名前の難しさから一般に根付かず、歴史的背景からも不利を被ったドイツワインは、いまひとつ世界に名を売ることができなかったのでした。

一方でドイツワインは、パーカーポイント98点以上を獲得した銘柄が166種類にのぼる（2018年8月現在）など、決してその質が劣るわけではありません。

ドイツは世界で最北のワイン生産地に属しますが、その冷涼な気候と土壌の性質を生かした辛口白ワインが生み出されているのです。冷涼な土地で栽培されるために果実の糖度が上がらず、アルコール度数が低いのがドイツワインの特徴です。

主力品種はリースリングですが、その栽培面積は全世界の約60％を誇ります。ニューワールドでリースリングの栽培が始まったのもドイツからの移民によるもので、ニューヨーク州の北部に位置するハドソンヴァレーでも、ドイツ移民によってリースリングの栽培が始まっています。ハドソンヴァレーは、今ではアメリカ最大のリースリング栽培地です。

また、ドイツでは「アイスワイン」も有名です。他の国では生産が難しい貴重なデザートワインの一種です。

このアイスワインは、200年ほど前に偶然から生まれた産物です。ある年、突然の寒波に見舞われたドイツで、完熟したぶどうの房が樹についたまま凍ってしまいました。しかし、不作続きだった当時のワイン生産者にとっては凍ったぶどうも無駄にはできません。そこで凍ったぶどうを収穫し、ワインをつくってみたのです。

雪がかぶっているアイスワイン用のぶどう
©Dominic Rirard

すると驚くべきことに、果実味と芳醇な香りが凝縮された甘くて美味しいワインができたのです。これを機にドイツではアイスワインの文化が根付き、今日まで自国の名品としてつくられ続けています。

ちなみに、アイスワインをつくるには過酷な労働を要します。収穫は真冬の夜中で、すべて手摘みです。

さらに収穫後、氷結したぶどうをすぐに搾らなければなりません。水分は凍っていても果糖は凍っていないので、果糖だけを素早く取り出し、ワインをつくるのです。このアイスワインの製法では、通常の10％の量しかワインがつくれないため、希少性も高くなります。

中には収穫したぶどうを凍らせてつくる生産者もいますが、それは「アイスワイン」と名乗れません。「Eiswein《アイスワイン》」と名乗るには厳しい法律が存在し、国も生産者も本物のアイスワインを大事に守っているのです。

イギリスに愛されたポートワインとマデイラ

ここまで紹介したフランス、イタリア、スペイン、ドイツなど、ヨーロッパ各国ではワイン造りが盛んにおこなわれています。

フランスの隣国イギリスでも、11世紀ごろからワイン造りがおこなわれてきました。しかし、ワイン業界ではその名をほとんど聞かないのが実情です。ワイン消費量は世界トップクラスにもかかわらず、なぜイギリスはワイン造りでヨーロッパの他国に遅れをとったのでしょうか。

その大きな理由としては、環境の悪さがあげられます。イギリスでは古くから王朝が栄え、大帝国が築き上げられましたが、王が食する贅の限りを尽くした自国の宮廷料理は生まれていません。

これは、イギリスが農作物の育つ条件に恵まれていなかったからです。痩せた土地、そして日射量も少ないイギリスで、唯一育つのはジャガイモや穀物だけでした。このような土地は、ぶどうにとっても生育が難しい環境だったのです。

また、ぶどう栽培の北限はフランスのシャンパーニュやドイツと言われており、さらに北にあるイギリスでは、どうしてもワイン造りに必要な環境を整えられなかったという事情もありました。


そもそもイギリスは、隣国にボルドーワインやシャンパンなどの最高のワインがあり、イギリス王侯貴族たちも、それら世界の一流品を口にして大満足していました。わざわざ痩せた土地で十分に育たないぶどうを育て、ワインをつくる必要などなかったのです。

そのためイギリスは、ワイン生産国としてではなく、ヨーロッパの一大ワイン消費国として、歴史の中でワインの発展に寄与してきました。ヨーロッパ各地のワイン産地にとって、「イギリス国民に見初《みそ》められる＝成功」だったのです。ボルドーをはじめ、現在の世界に名だたるワイン産地の多くは、イギリスに認められることによって銘醸地として名を馳せていったのでした。

イギリス人に愛されたポートワインもそのひとつです。ポルトガルの「ポルト（ポート＝港）」から名付けられたと言われ、3大酒精強化ワインのひとつでもあるポートワインは、イギリス商人のアイデアにより、海上輸送中のワインの劣化を防ぐためにブランデーを入れたのがその始まりだと言われています。

イギリスがポルトガルにワインを求めたのは、歴史上に起こった数々の対立が原因でした。フランスとたびたび対立していたイギリスは、そのたびにフランスワインの調達が難しくなっていましたが、スペインとも危うい関係だったため、確実な配給の妥協案として選ばれたのがポルトガルだったのです。

ポルトガルでつくられる酒精強化ワインのマデイラの一種

ポートワインをこよなく愛したイギリスでは、子どもが生まれたときに誕生年のポートワインを買い、成人や結婚の際にそのポートワインを開けるのが古くからの習わしでした。ポートワインは通常のワインよりも長期熟成型なので、20年経っても美味しく飲めるのです。

同じ酒精強化ワインであり、ポルトガル領のマデイラ島でつくられる「マデイラ」も一番の上顧客はイギリス人です。私の元上司であるマイケル・ブロードベント氏も大のマデイラ好きでした。

マイケルは「マデイラは朝のコーヒーよりも活力を与えてくれ、午後の紅茶よりも美味しい」という名言を残しました。実際、ロンドンのマイケルのオフィスには、つねにさまざまな種類のマデイラが置いてあり、マデイラを飲みながらお客様と商談をしていました。

ワイン不毛の地イギリスが、ワイン造りで注目を集めるワケ

こうして、ワイン消費国としてヨーロッパのワイン生産を支えてきたイギリスですが、実は最近、温暖化の影響で質の高いワイン造りが可能になってきました。イギリス南部に広がるケント州、サセックス州、ハンプシャー州が新たな生産地として注目を集めているのです。

かつてこのあたりは、海峡になる前の氷河期にはシャンパーニュ地方と地続きでした。そのため、シャンパーニュと同じ白亜質の土壌を持っており、さらには温暖化の

影響で気候環境までもが1960年代のシャンパーニュに似てきたのです。シャンパンに近いクオリティーをつくれる産地になり得るとして、近年、大きな期待を集めています。

2015年には、フランスの大手シャンパンハウスが高いポテンシャルを秘めたこの地で発泡性ワインの生産を開始しています。

このニュースは2015年のワインニュースのトップに輝いたほどで、多くのメディアが取り上げました。温暖化の影響は喜ばしいことではありませんが、シャンパーニュと同じ白亜質の土壌が見つかったことはワイン業界にとっては嬉しいニュースだったのです。

大手シャンパンハウスがイギリスへの進出に踏み切った背景には、イギリスの大きなマーケットも念頭にありました。シャンパンの輸入国第1位はシャンパン好きで有名なイギリスです。

ところが、ここ最近はスペインのカヴァやイタリアのプロセッコの質が向上し、イギリスへの輸出を強化してきている現状があります。価格競争で負けてしまうシャンパンは、イギリス国内で生産し、輸入関税を払わずに安くて美味しいスパークリングワインを提供しようと考えたのです。

老舗シャンパンハウスがつくるイギリスの発泡性ワインは早くも注目を集め、今、イギリス南部地方ではワイナリー設立ラッシュが始まっています。

初心者のためのワイン講義 ❺

基本的なラベルの読み方

ラベルの読み方がわかると、ワインはもっと身近なものになります。特にオールドワールド(フランス、イタリアなどのワイン伝統国)はラベルの記載にも厳しい決まりがあるため、一度そのルールを覚えてしまえば、簡単に内容を理解できるようになるでしょう。

ボルドーワインの場合、シャトーやドメーヌ名がワイン名として記載されています。たとえば、シャトー・ラトゥールがつくったワインであれば、その名が冠として記載してあります。

その他には、ヴィンテージ(その年に収穫されたぶどうを85%以上使用しなければ記載できない)、アペラシオン(AOC)、瓶詰め者、アルコール度数、原産国、容量が記されています。また、「GRAND CRU CLASSÉ」「CRU CLASSÉ」といった、生産地区における格付けが記載されている場合もあります。

一方のブルゴーニュワインでは、ボルドーと違いAOC名がワイン名として記載されています。つまり、造り手ではなく地域名や畑名が大きく記されているのです。もちろん、ドメーヌ名もその近くに記載されています。その他の表記事項はボルドーと変わりません。

イタリアワインでは、DOCG、DOC、IGT、VdTの分類、ヴィンテージ、瓶詰め会社がある町の名称、ぶどうの産地（VdTを除く）、国名（輸出用の場合）、アルコール度数、容量の表記が義務付けられています。

ワイン名には、バローロ、キャンティなどの生産地区名や、「GAJA（ガヤ）」といった造り手の名前、「SASSICAIA（サッシカイア）」などの商品名が大きく入ることもあります。また、通常より熟成期間が長いことを示す「Riserva（リゼルバ）」や、より上級のワインであることを表わす「Superiore（スペリオーレ）」など、細かい表示が加わることもあります。

ニューワールド（ワイン新興国）のワインには、個性的な現代風のデザインが施され、文字が少なくシンプルなラベルが多く見られます。カリフォルニアのカルトワイン「スクリーミング・イーグル」にいたっては、ワイン名とイーグルの絵柄だけという大変シンプルで斬新なデザインです。

また、産地によるぶどう品種の制限がないニューワールドでは、品種名を表示しているワインが多いのも特徴と言えます。

ボルドー

ワイン名（シャトーやドメーヌ名を記載）
原産国
PRODUCE OF FRANCE
MIS EN BOUTEILLE AU CHATEAU
GRAND VIN
DE
CHATEAU LATOUR
PREMIER GRAND CRU CLASSE
格付け
PAUILLAC
13%Vol
2003
750ml
容量
DEPOSE
APPELLATION PAUILLAC CONTROLEE
STE·CIVILE DU VIGNOBLE DE CHATEAU LATOUR PROPRIETAIRE A PAUILLAC [GIRONDE]
アルコール度数
瓶詰め者
アペラシオン（AOC）
ヴィンテージ

ブルゴーニュ

ワイン名（AOC 名を記載）
瓶詰め者
アペラシオン（AOC）
SOCIÉTÉ CIVILE DU DOMAINE DE LA ROMANÉE-CONTI
PROPRIETAIRE A VOSNE-ROMANEE (COTE-D'OR) FRANCE
VOSNE-ROMANÉE 1ER CRU
Cuvée Duvault-Blochet
APPELLATION VOSNE-ROMANÉE 1ER CRU CONTROLÉE
5.489 Bouteilles Récoltées
LES ASSOCIÉS-GERANTS
ANNÉE 2002
N° 0929
Mise en bouteille au domaine
13% vol
PRODUCT OF FRANCE
75 cl
アルコール度数
原産国
ヴィンテージ
容量

イタリア

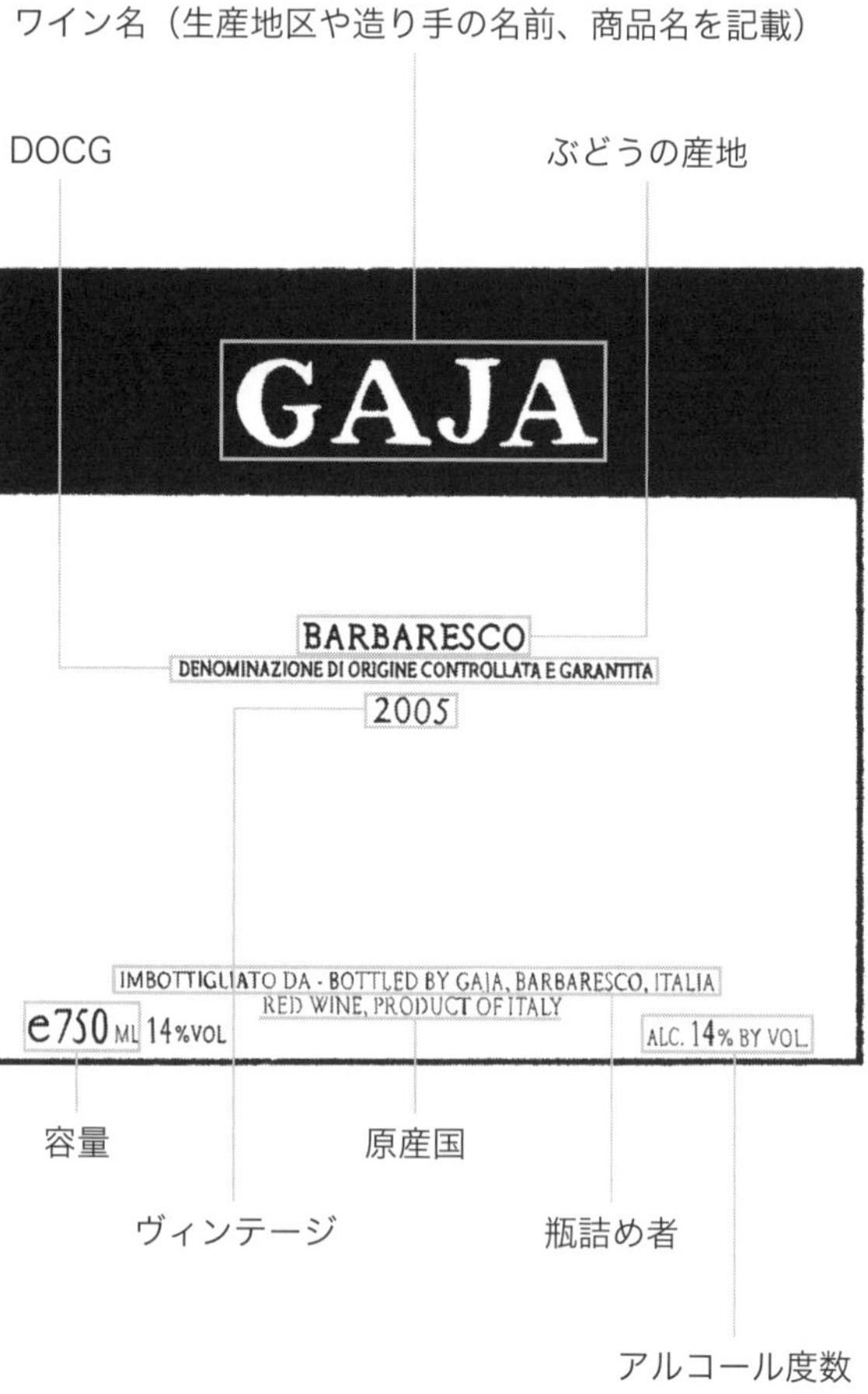
ワイン名（生産地区や造り手の名前、商品名を記載）
DOCG
ぶどうの産地
GAJA
BARBARESCO
DENOMINAZIONE DI ORIGINE CONTROLLATA E GARANTITA
2005
IMBOTTIGLIATO DA - BOTTLED BY GAJA, BARBARESCO, ITALIA
RED WINE, PRODUCT OF ITALY
e750 ML 14%VOL
ALC. 14% BY VOL.
容量
原産国
ヴィンテージ
瓶詰め者
アルコール度数

新興国

※ワインによって大きく表示が異なる

ンの世界

第3部

知られざる新興国ワイ

アメリカが生んだ「ビジネスワイン」の実力

規制だらけのオールドワールド、自由奔放なニューワールド

ワインには「オールドワールド（旧世界）」と「ニューワールド（新世界）」という生産地の区分けがあります。フランス、イタリアなどの伝統的なワイン生産国がオールドワールド、一方でアメリカ、チリ、オーストラリアなどの新興生産国はニューワールドに分類されます。

オールドワールドでは、その土地のテロワールを生かし、産地による個性を十分に引き出す醸造がおこなわれています。そのため、フランスのＡＯＣ法のように産地ご

とにワイン醸造に規定があり、ぶどうの収穫量、ぶどう品種、熟成期間など、決められた規定をすべてクリアしたものでなければその産地を名乗れません。

オールドワールドでは、ぶどうの栽培についても多くの規制があり、人工的に手を加えることはワインの個性を失うと考えられています。テロワールを守り、自然に従ったワイン造りのスタイルを維持することが、オールドワールドの美学と捉えられているのです。

また、ラベル記載に関しても厳しい義務付けがあります。たとえば、オールドワールドでは、レジョナルクラス以外のワインはぶどう品種の記載を禁じられ、必ず産地を記載することになっています。産地によって使用可能な品種が決まっているため、あえてそれを記載する必要がないからです。たとえばシャブリは、法律によりシャルドネ種以外の使用を禁止しているので、ラベルに「シャブリ」とあればシャルドネを使っているとわかります。

一方のニューワールドでは、オールドワールドのような土地やぶどうの個性を重視する厳しい法律はありません。ワインの歴史や伝統がないため、自由な発想でワイン造りがおこなわれ、時代にあった味やスタイルを追求しているのです。

さまざまなぶどう品種を栽培したり、オールドワールドでは許可されないブレンディングをおこなったりと、個々のワイナリーの判断で、自由なスタイルでワインをつくっています。

そして近年、ニューワールドの中でも、世界的に認められる生産地となったのがアメリカです。ワイン好きでない方にとっては、ワインとアメリカという結びつきはあまりピンとこないかもしれません。しかし最近では、アメリカを抜きにしてワインを語ることができないほど、アメリカワインの成長は著しいのです。

アメリカでは、まさに経済大国らしい新たなワイン造りがおこなわれています。「雨が降らないなら降らせる」というやり方でぶどうを育てるのも、アメリカの特徴です。

フランスはもちろんヨーロッパのほとんどのワイン産地では、基本的に灌漑《かんがい》（水路などで畑に水を引くこと）は禁止されています。人工的に水を与えれば土地の個性が失われるというのが理由です。雨が降らなければ土地は涸《か》れ、ぶどうは育たなくなりますが、それでもその土地の個性を重視しているのです。

もちろん、昨今の温暖化の影響もあり、ヨーロッパのごく一部の地域に限っては条件付きで灌漑は認められていますが、それでも全面的に許可されているわけではありません。

一方のニューワールドでは、水を与える期間も与え方にも制限は設けられていません（ただし、水の加減によってぶどうの生育と栄養に偏りが生じるので、それぞれのワインのスタイルやコスト面を考慮し、さまざまな灌漑法があります）。そのため、アメリカでも川から水を引いたり、放水をしたりして、ぶどうを育てているのです。

私も、2014年に記録的な干ばつに見舞われたカリフォルニア州を訪れたとき、それを強く実感しました。古くからの友人であり、ワイナリー「ブレ・ファミリー・ワインズ」のオーナーであるヴァルと再会したときの話です。ヴァルは元NHL（北米プロアイスホッケーリーグ）の花形選手で、引退後にカリフォルニア州のナパにワイナリーを設立した人物です。

久しぶりの再会を果たした私は、挨拶もそこそこに、当時話題となっていた水不足について尋ねました。そんな私に、彼は笑いながら「ここはアメリカだよ、お金で雨を降らせることができるんだ」とサラッと言ってのけたのです。

ヴァルの言葉通り、お金で雨を降らせることができるアメリカのワイナリーは、採算度外視でベストな方法を選び、ベストなタイミングでベストな水分量をぶどうに与えます。まさに経済大国らしいワイン造りだと言えるでしょう。

世界有数の銘醸地カリフォルニア誕生の裏側

こうした伝統にとらわれないワイン造りによって、今やアメリカは世界第4位のワイン生産国となりました。

アメリカでのワイン造りの始まりは、アメリカ大陸発見後に、ヨーロッパから東海岸に移住した人々によるとされています。イギリスの植民地となったボストンやワシントンDC、ニューヨークなど、東海岸の主要都市を中心にワイン造りが広まっていったのです。現在では、主にカリフォルニア州、オレゴン州、ワシントン州、ニューヨーク州などでワインがつくられています。

その中でも、世界的に最も有名な産地がカリフォルニア州です。その生産量は、アメリカ全体の90％近くを占めます。特にカリフォルニアのナパやソノマは高級ワインの銘醸地として有名です。

カリフォルニア州がワインの一大産地となった背景には、当時アメリカで沸き起こったゴールドラッシュがありました。19世紀半ば、ゴールドラッシュで沸くカリフォルニアに、金を求めて世界中の採掘者が集まったことがきっかけです。

■アメリカの主なワイン生産地

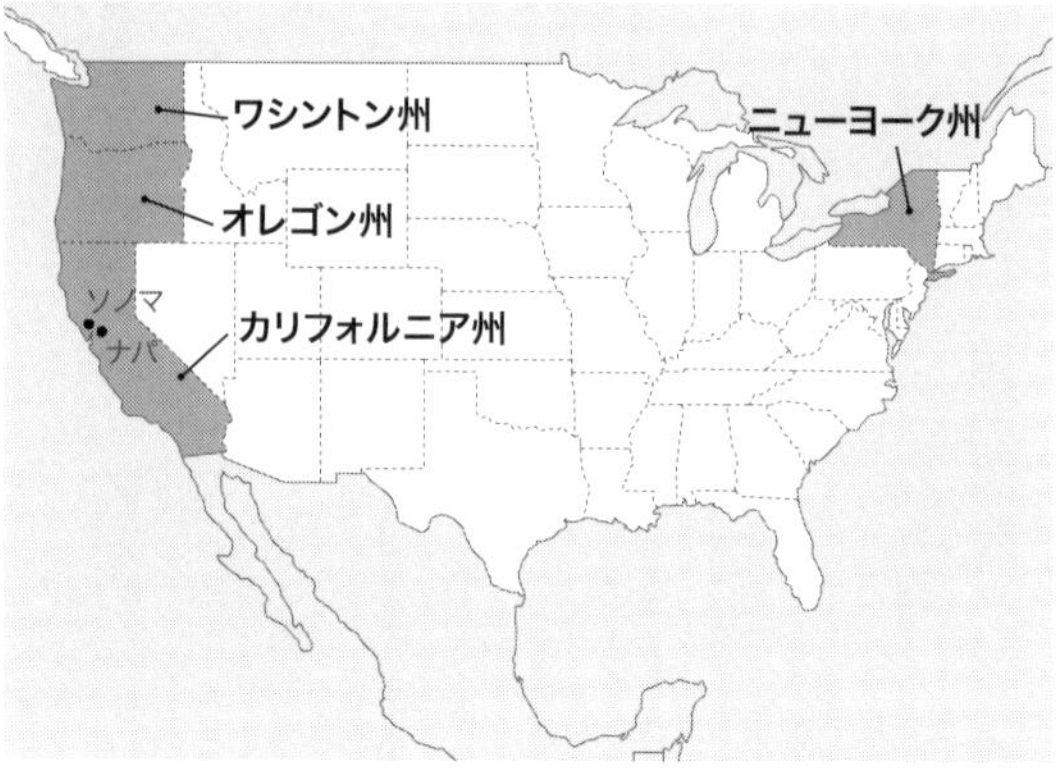

一攫千金《いっかく》を夢見て集まった採掘者たちでしたが、思うように金を採掘できず、次第に生活に困窮するようになりました。そして、ワイン造りの知識を持つヨーロッパ人の一部が、カリフォルニアのシエラネバダの広い土地にぶどうの木を植え、金の採掘からワイン造りへと職を転じていったのです。

十分な日射量が確保できるカリフォルニアの広い土地は、ワイン造りにはもってこいでした。夏は暑く、冬は寒いカリフォルニアは、ぶどうの育成にこの上ない最高の環境だったのです。こうしてアメリカでは、「ワイン＝カリフォルニア」の流れが始まっていきました。

ゴールドラッシュ以降、アメリカでのワイン需要も大きく伸びていきました。カリフォルニア州のサンフランシスコでは、1848年時点で1千人に満たなかった人口が、なんと1年で2万5千人へと膨れ上がり、さらにはヨーロッパを中心とする他の大陸から4万人近くの移民が訪れたことで、爆発的にワインの需要が増えたのです。カリフォルニアに新たに根付き始めたワインという産業は、順風満帆のスタートを切りました。

しかし1920年、なんとも不条理な法律「禁酒法」がアメリカで施行されます。世間の道徳や秩序を守るという名目で始まった国民の飲酒を禁止する法律です。施行後は、アメリカで密造や密輸入が絶えなくなり、反対に治安が悪化する事態となりました。闇バーが乱立し、禁酒法施行前よりもバーが増えるという本末転倒の結果となったのです。今でもニューヨークへ行くと、「スピークイージー」と呼ばれる当時の闇バーがたくさん残っています。

この禁酒法施行により、順調に成長を遂げていたカリフォルニアワインも大きな打撃を受けました。多くのワイナリーは廃業を余儀なくされ、当時アメリカ国内に存在していた約2500のワイナリーは、禁酒法が廃止される1933年までに、わずか100軒ほどに減ってしまいます。

禁酒法の時代を生き延びたこれらのワイナリーは、そのほとんどが治外法権だった教会へワインを提供していたところです。当時、ワイン造りやワインの提供が公に認められていたのは教会だけでした。

ボーリユーヴィンヤード、ベリンジャーワイナリー、ルイス・M・マティーニなど、当時、ワイン醸造が認められていたワイナリーは、今でもカリフォルニア・ナパの代表的なワイナリーとして存在しています。

ちなみに、ワイン醸造の許可が下りなかったワイナリーでは、ぶどうジュースやぶどうジャムをつくり、厳しい時代を乗り越えたところもあったようです。

そして1933年、晴れて禁酒法が廃止されると、それまでアルコールを抑えられていた反動から著しくワインの消費が増えていきます。劇的に増えたワインの消費に比例し、ワインの生産もどんどん増えていきました。

1945年の第2次世界大戦終戦後は、大勝利で経済的に潤ったアメリカで、中流家庭の食卓にもワインが広がりを見せるようになります。大のワイン好きだった小説家・詩人のヘミングウェイを筆頭に、ワインを嗜むことは時代の先端を行く文化人の象徴だという意識も根付き、ヨーロッパ文化を取り入れたいアメリカのインテリ層のあいだでもワインが好まれるようになりました。

さらに1960年代に入ると、南仏への進出の話で登場したロバート・モンダヴィ氏の出現でカリフォルニアにおけるワイン産業は大きく飛躍します。

ロバート・モンダヴィ氏はワイン醸造技術の革新を遂げ、戦略的なマーケティングを駆使し、カリフォルニアワインを世界的に認知させました。「カリフォルニアワインの父」と呼ばれる彼の存在なくして、現在のカリフォルニアワインの高い地位は実現しなかったのです。

「フランスVS.カリフォルニア」のブラインドテイスティング、その驚きの結果とは？

こうして、徐々にその知名度と勢力を拡大していったカリフォルニアワインでしたが、フランスをはじめとする世界トップクラスのワイン伝統国たちは、歴史も文化もないアメリカでつくられるワインを「自分たちの足元にも及ばない」とまったく認めようとしませんでした。

ところが、あるフランスのワイン関係者がナパから持ち帰った1本のワインが、その後のカリフォルニアワインの評価を一変させることになります。

パリでワインショップを営むスティーブン・スパリュア氏（アカデミー・デュ・ヴァン創立者）は、この持ち帰られたナパのワインを飲み、カリフォルニアワインが想像以上にめざましい進歩を遂げていることに驚きを隠せませんでした。

そして、カリフォルニア産ワインの宣伝を兼ね、フランスワインとカリフォルニアワインのブラインドテイスティングの開催を思いついたのです。これが現在でも語り継がれる「パリの審判」と呼ばれるテイスティング大会で、1976年にアメリカ独立200周年を記念してセッティングされたものでした。

大会には、フランスを代表する銘醸ワインが多くリストアップされ、赤ワインにはムートン・ロスチャイルドやオー・ブリオンなどボルドーの大物シャトーが勢ぞろいし、白ワインにもモンラッシェなどの錚々たるベテラン生産者がつくる逸品がエントリーされました。

そして最終的には、赤と白ワインそれぞれで、フランスワイン4種類、カリフォルニアワイン6種類の合計10種類が選ばれ、20点法の採点で審査がおこなわれたのです。

もちろん、誰もがフランスの強豪ワイン相手に、新生のカリフォルニアワインが勝つなど想像すらしませんでした。大会の発起人であるスパリュア氏の繋がりで、ワイン業界を代表する著名人が審査員に選ばれましたが、それもすべてフランス人。皆がフランスワインの勝利を確信し、「カリフォルニアワインの頑張りが見ものだな」と考えていたのです。

ところが、この世紀のテイスティング大会の結果は、予想を大きく裏切るものになりました。

なんと、カリフォルニアワインの圧勝となったのです。勝負の決まっている試飲会だと思われていたため、ほとんどのメディアが取材に訪れていませんでしたが、ただ一人、偶然居合わせていたアメリカのタイム誌のジャーナリストが、この世紀の一瞬をすっぱ抜き、世界に発信しました。そして、歴史と伝統のあるフランスワインこそ

■ 1976年「パリの審判」の順位

赤ワイン	
1位	スタッグス・リープ・ワインセラーズ（米）
2位	シャトー・ムートン・ロスチャイルド（仏）
3位	シャトー・モンローズ（仏）
4位	シャトー・オー・ブリオン（仏）
5位	リッジ・モンテ・ベロ（米）
6位	シャトー・レオヴィル・ラスカーズ（仏）
7位	ハイツ・マーサズ・ヴィンヤード（米）
8位	クロ・デュ・ヴァル（米）
9位	マヤカマス（米）
10位	フリーマーク・アビー（米）

白ワイン	
1位	シャトー・モンテレーナ（米）
2位	ムルソー・シャルム・ルロー（仏）
3位	シャローン（米）
4位	スプリング・マウンテン（米）
5位	ボーヌ・クロデムシュ　ジョセフ・ドルーアン（仏）
6位	フリーマーク・アベイ（米）
7位	バタール・モンラッシェ　ラモネ・プルードン（仏）
8位	ピュリニィモンラッシェ・レ・ピュセル　ルフレーヴ（仏）
9位	ヴィーダークレスト（米）
10位	デイヴィッド・ブルース（米）

が世界一だと信じて疑わなかった世界中のワイン関係者に衝撃を与えたのです。今でも、ナパのシャトー・モンテレーナを訪れると、当時勝利を勝ち取った1976年産の白ワインがタイム誌の表紙とともに飾ってあります。

ちなみに、この結果をとうてい受け止められなかったフランスは、「フランス産ワインは、アメリカ産と違って熟成を要する。30年後にようやく美味しいワインが出来上がるのだ」と言い放ちました。しかし、1976年の「パリの審判」から30年後、2006年におこなわれたリターンマッチでも、結局カリフォルニアワインが勝ちました。

このリターンマッチの審査員には、私の元上司であるマイケル・ブロードベント氏が選ばれていました。マイケルは何冊もテイスティングの本を出版し、スペシャリストが集まるクリスティーズのワイン部門の中でも、誰よりもテイスティング能力に優れていた人物です。マイケルに当時のことを聞くと、「ブラインドテイスティングは好きじゃないね」と苦笑いしていました。

パリの審判で圧勝したカリフォルニア・ナパは、フランスを負かした将来有望な産地としてますます注目を集めました。

1979年には、ボルドーの5大シャトーのひとつであるムートン・ロスチャイルドが、カリフォルニアのロバート・モンダヴィ社とジョイントベンチャー「オーパス・ワン」を立ち上げます。スタイリッシュなワイナリーや、オーナー二人の顔をデザインしたラベルなど、伝統と革新の融合を感じさせる斬新的なスタイルは大きな話題を呼びました。

さらに1980年代にも、ボルドーで最高級のワインを産出するシャトー・ペトリュスのオーナー・ムエックス氏が、ナパで新たなワイナリー「ドミナス」を設立しています。

ナパのヨントヴィルに位置するドミナスを訪れると、異彩を放つ大きな建物に圧倒されます。全長約100メートル、奥行き25メートル、高さ9メートルという巨大なワイナリーがぶどう畑の真ん中に建てられているのです。

オーパス・ワンのラベル。上部にあるマークは、オーナー二人の顔をデザインしている

その際立つ斬新なワイナリーをデザインしたのは、プラダの青山店、ロンドンのテートミュージアム、北京オリンピックのメインスタジアムなどを手がけた有名建築家のヘルツォークとド・ムーロンです。ペト

リュスのオーナーであるムエックス氏が持つ感性や美的センスが、ドミナスの醸し出すエレガントさの所以なのです。

こうしてフランスの大物シャトーが相次いでナパに進出したことにより、ナパの将来は確約され、今やフランス、イタリアを脅かす高級ワイン産地としてその名を世界に轟かせるようになったのでした。

ビジネスワインの申し子「カルトワイン」

2014年のクリスマスイヴ、アメリカのカリフォルニア州・ナパヴァレーにある三ツ星レストラン「フレンチ・ランドリー」から高級ワイン76本が盗まれる事件が起こりました。被害総額30万ドル（約3千万円）にも達する大きな事件です。

盗難直後、アメリカにいる同僚から連絡が入り、「購入のオファーがあったら受けてはいけない」と、盗難されたワインのリストが送られてきました。盗まれたワインを見ると、そのほとんどがロマネ・コンティ、そしてスクリーミング・イーグルでした。

ロマネ・コンティは世界一高いフランスワインとして有名ですが、犯人が狙ったもう一つのワイン「スクリーミング・イーグル」はワイン通以外にはあまり知られていない存在かもしれません。

スクリーミング・イーグルは、カリフォルニア州でつくられる「カルトワイン」と呼ばれるワインの一種です。

カルトワインとは、ナパを中心に産出される超高価で高品質なワインで、人気も価格も、数あるフランスの銘醸シャトーを押しのける〝超〟高級ワインになります。崇拝、熱狂、儀礼という意味の「カルト」という言葉は、今では宗教的な意味合いが強くなっていますが、カルトワインもまさに熱狂的な信者（ワイン愛好家）に崇拝されるカリスマ的存在のワインなのです。

カルトワインの一種であるスクリーミング・イーグル。ワイン名とイーグルの絵柄だけというシンプルなラベルが特徴的

カルトワインが誕生したのは１９８０年代半ばごろのことでした。80年代に入ると、弁護士、医者、金融関係者などの富裕層が、リタイア後の趣味としてナパでワイン造りを始めるようになります。

しかし、これまでビジネスの第一

線で活躍していた彼らのワイン造りは趣味にはとどまらず、大量の資本を注ぎ込んだビジネスとして発展していきました。

ここで生まれたのが、高品質なワインを小ロットで生産するカルトワインのスタイルです。カルトワインの特徴のひとつにその希少性がありますが、あえて生産量を抑え、コレクターズアイテムとしてファンを増やしたのです。

たとえばスクリーミング・イーグルの生産量は年間たった500ケース（1ケース12本）6千本しかありません。それゆえ、スクリーミング・イーグルの世界の小売価格の平均額は1本2785ドル（約33万円）にものぼります。

2006年産のインペリアルボトル（6000ml）にいたっては、2013年にシカゴで開催されたハート・デーヴィス・ハート社のオークションで、3万5850ドル（約430万円）で落札されています。

500ケース、6千本と言ってもその希少性を想像しにくいかもしれませんが、これはロマネ・コンティの生産本数とほぼ同じです（もちろん、収穫年によって多少の違いはあります）。世界的にも有名なボルドーの1級シャトーでも10万から20万本程度を生産するので、その20分の1から30分の1程度と聞くと、その希少性をおわかりいただけるでしょう。

その他の有名なカルトワインについても、ハーラン・エステートが1500ケース、ブライアント・ファミリーが500ケース、コルギンにいたっては350ケースと超少量生産です。

これだけ少量生産になると、当然、ワインショップへのアロケーション（割り当て本数）も限られてきます。そのため、カルトワインは通常のワインショップ店頭ではほぼ購入不可能です。

カルトワインをつくるワイナリーは、一般の人への販売にメーリングリストを活用し、サブスクリプション（予約購入）制度をつくって、消費者が直接ワイナリーから購入する制度をとっています。メーリングリストに登録できた、ごく一部の消費者だけがカルトワインを購入できるシステムになっているのです。

もちろん、このメーリングリストは大変な人気です。メーリングリストに名前が載ることは富裕層のステータスであり、メーリングリストの権利がネットオークションで売買されたこともありました。

ちなみに、めでたくメンバーになっても、毎年ワインを買い続けなければ権利を失うという厳しい条件付きです。その年の出来（評価）がよくても悪くても、価格が高くても安くても、権利を失わないためにはワインを買い続けねばならないのです。

こうしてカルトワインは、ワインという飲み物を超えた人気ガジェットのような存在になっていきました。

消費者たちは新しく出る商品（ワイン）を誰よりも早く購入し、その商品についての知識を身につけようとしました。人気のワインメーカーには投資が集まり、スター的存在になったくらいです。ミシュランの星付きレストランやメンバー制クラブでは、若手の金融マンたちがソムリエの勧めるままにカルトワインを大量に消費するようになりました。

そして、アップル社がスタイリッシュな製品にこだわったように、当時のカルトワインもまた、スタイリッシュな存在であることをアピールしていきました。

カルトワインのブランドを押しあげたワイナリーのひとつが、1984年に設立し、1990年に最初のヴィンテージを出した、「究極のカルト」という呼び名を持つハーラン・エステートです。不動産事業で成功を収めたビル・ハーラン氏がフランスの1級シャトーに匹敵するワインをつくろうという思いからナパに設立したワイナリーです。

ハーランは、現役時代に築いた人脈と巧みなマーケティング戦略を駆使し、カルトワインのイメージを確立しました。有名ブランドに身を包むように、カルトワインを飲むことが一流のライフスタイルの象徴でありファッショナブルであるというイメージを築きあげたのです。そのこだわりは尋常ではなく、長い年月をかけてラベルのデザインにこだわるほどでした。

私もそのラベルに魅了された一人です。長年、なかなかハーラン・エステートを味わう機会に恵まれませんでしたが、2002年にようやくその夢が叶いました。ワインオークションの事前テイスティング会に、1994年のハーラン・エステートが出されたのです。

念願のハーラン・エステートでしたが、ひとくち飲んですぐ、その想像を超えた味わいに圧倒されました。エレガントでまろやか、舌触りや味わいもこのうえなくスムーズ。アメリカの雄大な自然がつくり上げた未知なるパワーを感じました。

ちなみに、ハーラン・エステートはイギリスの有名ワイン評論家ジャンシス・ロビンソンから「20世紀で10本の指に入る偉大なワイン」と絶賛され、65ドルでリリースされたファーストヴィンテージは、今では1千ドルにまで高騰しています。

ハーラン・エステートのラベル

こうして人気を高めたカルトワインですが、1990年代にはパーカーポイント100点満点を獲得するものまで登場し、一気に世界的にも注目を集めました。

1990年代のナパは天候に恵まれた年が続き、特に1994年、1997年産はどの銘柄も評論家から大絶賛されています。1997年には、5つもの銘柄がパーカーポイント100点満点を獲得し、カルトワインは名実ともに世界的な高級ワインの仲間入りを果たしたのです。

オークションでも、ハイライトアイテムとしてボルドーやブルゴーニュと同様に注目を浴びるワインとなっています。

投資を集めるニューヨークワインに注目

カリフォルニア以外のアメリカのワイン生産地もまた、近年注目を集めています。ヴァージニア州もそのひとつです。フランスのオランド前大統領を招いたホワイトハウスの公式晩餐会では、ヴァージニア産のスパークリングワインがサーブされ、それによりヴァージニア州の知名度は一気に高まりました（マイナーなヴァージニア産を選んだことで、フランス国民からはブーイングを受けてしまいましたが）。ヴァージニア州はトランプ大統領が所有する「トランプワイナリー」のある産地としても注目を集めています。

オレゴン州には、ブルゴーニュの造り手たちが進出を始めています。天候や土壌（いわゆるテロワール）がフランスのブルゴーニュと似ているこの地では、ブルゴーニュ同様にピノノワール種を使ったワインが主流です。そのため、最近ではブルゴーニュの造り手たちがオレゴンに集まっているのです。彼らは、地元とは少し違うタッチでぶどうの個性を引き立て、全体的に果実味が豊富なアメリカ人好みのワインを生産しています。

また、ワインビジネスを目指す若手醸造家たちが、土地の値段が高騰しすぎたナパを諦め、オレゴンで新しくワインビジネスを開始することも少なくないようです。

ワシントン州も、パーカーポイント100点を獲得した「クイルシーダ・クリーク」の出現などで有名になってきています。2011年、当時の中国の国家主席・胡錦濤《こきんとう》氏の訪米の際には、ホワイトハウスが2005年産のクイルシーダ・クリークをサーブし、手厚くおもてなししました。これにより、ワシントン州もワイン産地として広く認識されるようになっています。

オレゴン州やワシントン州と同様に、生産量を増やしているのがニューヨーク州のワインです。ニューヨーク産ワインは、州の北部に位置するハドソンヴァレー、そしてロングアイランドのハンプトンの2箇所に産地があります。

このうちのハンプトンは、セレブ御用達の高級リゾート地で、夏のあいだはリッチなニューヨーカーたちが皆ここで過ごします。

ウォールストリートからハンプトンへ向けてたくさんのヘリコプターが飛び交う光景や、ハドソン川に停泊しているヨットやボートがハンプトンへ向かう姿は、マンハッタンの優雅な夏の風物詩です。私が勤めていたクリスティーズの社員たちも、夏の金曜日には大半が午後で早退し、ハンプトンに向かっていました。

各都市からリッチ層が集まるハンプトンでは、昼は乗馬やポロのイベント、夜はホームパーティーやチャリティーイベントが開催され、そこでは高級ワインとともに地元のハンプトンのワインが振る舞われます。

ただし、ハンプトンのワインの品質は、西のナパにはまったく歯が立たないレベルです。到底、西に追いつけない理由はテロワールの違い以外にもあります。ハンプトンには害虫が多く、オーガニック醸造やバイオダイナミック農法がしづらいという致命的な欠点があるのです。

しかし最近では、こだわりの自然派生産者たちがハンプトンでのオーガニック醸造に挑戦し始め、賛同者も増えてきました。

また、ミシュランレストランの有名シェフがハンプトンのワイナリーへ投資をおこない、自らその醸造も手掛けたことで、マンハッタンのレストランでもニューヨークワインの取り扱いが増えてきています。

さらに、なんでもナンバーワンにならないと気がすまないニューヨーカーたちは、ワインの分野で西にお株を取られていることも我慢できず、ウォールストリートやデベロッパーたちが投資を集め、ハンプトンをナパのような高級ワイン産地にしようと試みています。

マンハッタンやハンプトンにいるリッチ層という大きな受け皿を持つハンプトンのワインは成長性が高く、将来安泰な優良株とみられ、実際投資も集まっているようです。多くの投資を集めたことにより、少しずつですが質も向上し、高級ワイン化も進んできました。

ニューヨークワインが世界を席巻する日も、そう遠くはないのかもしれません。

ワインの評価を決める「パーカーポイント」

ワインは、ヴィンテージによってその出来が大きく変わってきます。産地や銘柄ごとに各年の出来が異なるので、一般消費者が各ワインのヴィンテージの良し悪しを判断するのは難しいでしょう。

そのため、ワインには「ヴィンテージチャート」という、地域ごとのヴィンテージ評価を一覧にしたものがあります。ヴィンテージチャートを見れば、どの年にどの地域でよいぶどうが収穫されたのかがわかります。

また、ワインの銘柄ごとにコメントと点数が書かれたテイスティングノートもあります。ワイン雑誌が作成したものや有名なワイン評論家が発表したものなど、さまざまなものがあり、その評価内容や方法は人によって異なります。

こうした数あるワイン評価の中で、世界中で最も影響力があるのが「パーカーポイント」です。アメリカのワイン評論家ロバート・パーカー氏が発表しているものです。

パーカーはもともと銀行所属の弁護士でした。大のワイン好きであった彼は、ワインの感想と点数をつけたものを友人に配っていたほどです。

そして後に、ワイン小売業者向けのニュースレターで、本格的にワイン評価を始めます。ブランドや価格にとらわれず、消費者の立場から公平にワインを判断した彼の評価は、アメリカで大きな支持を得るようになりました。

今では、世界中に影響力を持ち、消費者の選択の基準となったパーカーポイントは、ワインの価格設定にも影響を及ぼすほどです。ボルドーでも、各シャトーがリリース価格を出すのは、たいていはパーカーポイントが発表されたあとになります（ただしパーカーポイントの点数が価格を決める判断基準になってしまったので、パーカーがあえて発表を遅らせたこともありました）。

パーカーの評価は、基礎点50点、味わい20点、香り15点、全体的な質10点、外観5点の合計100点満点です。点数による

50~59点	受け入れがたい
60~69点	平均以下、酸かタンニンが強すぎる、香りがない
70~79点	おしなべて平均的なワイン。可もなく不可もなく無難である
80~89点	平均を上回る。欠点がない
90~95点	複雑さも持ち合わせる素晴らしいワイン
96~100点	最高級ワイン。手に入れるべき価値のあるワイン

評価は、下表の通りです。あくまでパーカーの個人的な見解なのでこれがすべてではありませんが、少なくとも80点以上は必要であり、高品質なワインとして認められるのは96点以上となります。

ちなみに、パーカーポイント100点を獲得しているワインは、2018年7月現在で632銘柄あります。ボルドーのレジェンドと呼ばれる1900年のマルゴー、1921年のディケム、1929年のペトリュス、1945年のムートンとオー・ブリオン、1947年のシュバル・ブラン、1961年のラトゥール、そしてブルゴーニュのロマネ・コンティ1985年など、パーカーポイント100点を獲得したワインには、錚々たる面子《メンツ》が並んでいるのです。

ちなみに産地別ではカリフォルニアが圧倒的に多く、続いてフランスのローヌ、ボルドーと続きます。

E BUSINESS

進むワインのビジネス化

IT・金融バブルから始まったアメリカワイン市場の急成長

1990年代、アメリカのシリコンバレーでは巨大IT企業が続々と設立され、ワイン産地であるナパやソノマも大きな成長を遂げました。

ワイン業界でもIT化が進み、人や天候に左右されていたワインの品質もコンピューターで制御され、品質が安定したことで大量生産も可能になりました。

アメリカの大都市では、ワインショップだけでなくスーパーにも多くのワインが陳列されるようになり、ワインを嗜む層がさらに拡大しました。以前はワイン関係者しか訪れなかったナパやソノマもカリフォルニア有数の観光地となり、高級レストランやスパ、土産物店などがオープン。今では毎年多くの観光客が訪れる一大観光地になっています。

そしてＩＴバブル、金融バブルに沸くアメリカで、ついに本格的にワイン文化が開花しました。

景気の上昇とともに、アメリカでは高級ワインブームが到来し、テレビや雑誌、新聞などではワインの話題が多く取り上げられるようになりました。ますます高級ワインの裾野は広がり、ワインオークションで次々と世界最高落札価格が出されたのもこの頃です。

さらに２０００年の幕開けの際には、ミレニアムに沸くアメリカの消費者たちからシャンパンの受注が一気に増えるなど、アメリカのワイン熱は異常な盛り上がりを見せました。

ところがその矢先、２００１年9月11日にアメリカで同時多発テロが起こります。テロ後は、観光客はもちろん、住人までもがニューヨークを離れ、街の勢いが一気に弱まってしまいました。

しかし、当時のニューヨーク市長であるジュリアーニ氏が自粛ムードを撤回。景気の回復に努めたことで、同年11月に開催されたワインオークションでは、いつにも増して多くの入札が集まり、ほどなくワインビジネスも現状以上に回復しています。

その後は景気と連動し、アメリカでの高級ワイン市場は順調に伸びていきました。「料理の鉄人」のアメリカ版「アイアンシェフ」が高視聴率を獲得したことで、高級ワインの裾野はさらに広がりました。

ニューヨークではセレブシェフに多くの投資が集まり、次々と有名レストランやおしゃれなクラブがオープン。それに合わせて何十万円、何百万円もするワインがラインナップされ、その需要を高めていきました。

ワインオークションにもレストラン関係者が多く見られるようになり、レストランで高級ワインをオーダーすると、オークションハウスのシールが貼られたボトルが出てくるようになったのもこの頃からです（落札したボトルにはそのオークションハウスのシールが貼ってあります）。

こうして高級ワインの需要が高まったニューヨークでは、オークションでも高額でワインが取引されるようになり、ヨーロッパからも多数のレアワインが集まるようになりました。ロンドンと互角だったオークションの売上は瞬く間にニューヨークが上回り、世界最高落札価格をどんどん更新していったのです。大手オークションハウスは盛んにオークションを開催し、夏冬を除き、ほぼ毎週どこかでワインオークションが開催されるほどの勢いでした。

この勢いはニューヨークだけにとどまらず、ITのサンフランシスコ、エンターテインメントのロサンゼルス、ブッシュ政権と石油のテキサス、観光地マイアミ、先物取引のシカゴ、政治の中枢ワシントンDC、オールドリッチのボストンとニューポートなど、高級ワインを求める各都市に向けて広がり、アメリカ国内のワイン市場はどんどん巨大化していったのです。

リーマンショックと香港・中国市場の台頭

ところが2008年、アメリカでのワイン取引額が絶頂に達した頃、世界の経済に大きな衝撃を与えたリーマンショックが起こります。

当然、ワインビジネスも大きな打撃を受けました。ワインオークションでは事前の入札がまったく集まらなくなり、私も出品者へ向けて最低落札価格の変更をお願いするばかりでした。それまでは落札率95%以上を誇っていたオークションハウスでも、この時は50%を切ってしまうほど市場が縮小してしまったのです。

一方で、これまであまりオークションでは見られなかったロシア、南米、マカオなど、リーマンショックの影響をあまり受けなかった国からの入札が集まりました。2001年に起きた同時多発テロの際にも、同じ現象が起きています。これまであまりワインを買わなかった国の人たちが、株と同じく今が買い時と考え、大量に高級ワインを購入したのです。同時多発テロ、そしてリーマンショック直後にワインを購入した人たちは、その後大きなリターンを得たと思います。

リーマンショックで低迷したワイン業界の危機を救ったのは、巨大な市場を用意して現れた中国でした。

リーマンショックと時を同じくして、2008年には香港がワインにかかる関税を40%からゼロに引き下げました。その結果、大手オークションハウスがこぞってワインオークションの拠点を香港へ広げ、景気が上がっている中国へ大々的にプロモーションをおこなったのです。

香港がアジアにおけるワイン流通のハブになり、中国はもちろん、これまでワインの不毛国だった台湾、シンガポール、マレーシアへもワインが広がっていきました。

中国でのワイン熱に拍車をかけたのが、シャトー・ラフィット・ロスチャイルドが2008年に発表した、中国のラッキーナンバー「八」をボトルに漢字で記したワインです。販売開始前から20%も価格が高騰し、リリース後はさらに何倍もの価格に跳ね上がりました。このワインはすぐに品薄となり、偽造ワインが氾濫《はんらん》する事態にまで発展したほどです。

中国市場の盛り上がりにより、オークションでの高級ワインの価格も高騰しましたが、価格高騰の背景には中国人の〝ある行動〟がありました。従来のコレクターたちは、購入後10年はワインを寝かせていたところ、中国の人々は落札後すぐにワインを飲み干してしまうのです。その結果、世の中に残っている高級ワインが減り、希少価値が高まることで価格が上がったのでした。

２０１４年には、中国人による歴史的な落札も生まれています。香港で開催されたサザビーズのオークションに「ロマネ・コンティ・スーパー・ロット」と呼ばれる、文字どおり〝スーパー〟なロットが出品されました。

これは、初期のネットブラウザ会社「ネットスケープ」の創業者、ジェームス・クラーク氏が所有していたもので、ヴィンテージ違いのロマネ・コンティ１１４本がまとめて一つのロットとして出品されたのです。

落札額は、香港ドルで12・56ミリオン。日本円にして、なんと約1億8千万円です。グラス1杯当たり約20万円という、世界一の落札価格が生まれた瞬間でした。私もこのオークションに参加していましたが、この世紀の落札額を叩き出したのも電話で参加していた中国人でした。今もなおワインが高騰を続ける背景には、中国人のマーケットの存在が大きな要因となっているのです。

ただし、中国の高級ワイン市場は以前より低迷しているのが現状です。２０１２年に新たに中国の総書記に就任した習近平氏によって進められた汚職・腐敗撲滅運動や贅沢追放運動がその原因のひとつだと言われています。中国では、価値のある高額ワインをギフト用に購入することもありましたが、これによりギフト目的のワイン購入が大きく減少したようです。

さらに偽造ワインが横行したこともあり、これ以降は中国のワイン取引は下降線をたどりました。向かうところ敵なしだった中国勢も、２０１３年、２０１４年にはオークションでの競り合いがトーンダウンし、取引量も２０１１年のピーク時から約40％も減っています。

とはいえ、リーマンショック直後よりもその取引量や価格は上回っており、全盛期を過ぎたとはいえ、中国・香港市場は、今もなお盛り上がりを見せているのは確かです。

「投資」としてのワインの現状とは？

近年、ワインは「投資」としての側面も強くなってきました。２００４年にはイギリスがＳＩＰＰ（自己投資型個人年金）を投入し、ワインもその税制優遇措置の対象に入りました。

その結果、欧米ではワインが投資として広く認識されるようになり、イギリスをはじめ、欧米に相次いでワインファンドが設立されます。金融や証券会社も、投資商品としてワインを取り扱い始め、その規模はますます拡大していきました。

また、リーマンショック以降には、アメリカの経済紙で「SWAG」という単語を目にするようになりました。本来はアメリカの若者たちのあいだで使われる「センスがいい」「スタイリッシュ」といった意味のスラングですが、経済紙の「SWAG」とは、「Silver」「Wine」「Art」「Gold」の頭文字を並べたものです。

これは、エコノミストのジョー・ローズマン氏が、株式投資より確実な投資商品として、インベストメントウィーク誌で「SWAG」を発表したのが始まりで、その後ブルームバーグも、高級ワインはゴールドよりリターンが確実であると予想しました。

これらを受けて、リーマンショックで損失を被《こうむ》った投資家たちはこぞってワインの収集を始めました。欧米の投資家に限らず、中国のニューリッチ層もワインの収集に加わり、ワインの価格は史上稀に見る上昇となったのです。

こうして世界中で多くの投資家がワインに投資するようになったわけですが、彼らがワインという商品に魅力を感じるのは、ワインが持つその特異性にあると言えます。

ワインは付加価値と希少価値により価格が変動する唯一の商品です。たとえば、ヴィンテージによっても付加価値が変わります。同じ名の商品でも、生産年によって価値がまったく変わるものはほかにはなかなか見受けられません。

また、毎年その本数も減っていきますので、希少性も年々高まります。それによっても価格が高騰するのです。

さらに、ワインは長く保管すればするほど基本的には価格が上がっていきます（ワインのタイプや保存の仕方にもよりますが）。不動産物件などは日に日に価値が下がっていくものですが、ワインは食品でありながら賞味期限もなく腐るわけでもなく、逆に古ければ古いほど価値が上がるのです。

もちろん、ワインにも飲みごろのピークがあるので、ピークを過ぎたワインは徐々に人気が下がります。しかし、そうしたワインを「アンティーク」という感覚で集めるコレクターも多く、そこにもまた付加価値が生まれるのです。

その売買の容易さも魅力となっています。基本的にワインは、銘柄とヴィンテージを伝えるだけで売買が成立します。ワイン好きも世界中に存在し、マーケットが広いのも魅力のひとつです。海外の男性誌や経済誌では高級ワインの特集が頻繁に組まれ、その関心の高さがうかがえます。

また、ワイン投資は商品（ワイン）への投資だけには収まりません。ワイナリーのM&Aや設備投資、ぶどう畑の拡大、ワインガジェットの開発など、さまざまな方法があります。

2013年ごろからは、中国人によるボルドーの銘醸シャトー買収が続きました。多くのシャトーが中国人所有となったことで、現地ではシャトー買収を阻止する反対派の勢いが増していきました。

しかし、そのタイミングでシャトー買収のために下見に来た中国人一行を乗せたヘリコプターがガロンヌ川に墜落するという不可解な事故が起きます。もちろんこれは操縦士の操縦ミスによるものでしたが、それ以降は買収に尻込みする中国人が増え、買収騒動は収まっています。

カリフォルニアでも、大手企業によるワイナリーのM&Aが繰り返されています。パーカーポイント100点を13回も獲得し、カリフォルニア・ナパのカルト中のカルトワインと称されるシュレーダー・セラーズは、大手飲料メーカーであるコンステレーション・ブランズによって6千万ドル（約67億円）で買収されています。

シュレーダーの生産量は、年間2500〜4000ケースととても少量であり、販売だけで買収額を上回るのはほぼ不可能です。それなのに破格の値段で買収した理由は、シュレーダーが持つ顧客リストにあったのだと思います。

以前、シュレーダーのオーナーであるフレッド・シュレーダー氏を囲んだディナーに参加しましたが、そこにはかなりの富裕層たちが参加していました。シュレーダーの大ファンだという有名なお医者さんは、シュレーダーのワインだけを保管する巨大セラーを自宅に完備し、セラーのドアにはシュレーダーのマークをつけるほどの熱狂ぶりだそうです。

こうした熱狂的な富裕層の顧客を持つシュレーダーは、6千万ドル以上の見えない資産価値があり、コンステレーション・ブランズはそこに魅力を感じたのだと思います。

シュレーダー以外にも、こうした熱狂的ファンを持つカリフォルニアのワイナリーは多数あるので、今後も大手企業による大規模な買収が起きるかもしれません。

エリートたちも注目する、さまざまなワインビジネス

大規模なM&A以外に、ワイン関連の小物などにも投資が集まっています。コルクを抜かずにワインが注げる画期的なツール「コラヴァン」には6430万ドルの投資が集まり、今や世界各国で販売されています。

また、現役の金融マンや大手IT企業に勤めるエグゼクティブ、ハーバード大学の

MBA取得者、MIT（マサチューセッツ工科大学）の学生など、ワイン事業に大きな将来性を見込んだエリートたちもワイン関連のビジネスを始めています。ワインのオンライン販売、ワインアプリの開発、会員制ワインクラブ、ワイン関連のガジェットなど、さまざまな分野で新たなワインビジネスが生まれているのです。「セラートラッカー」というワインの膨大なデータベースを扱う口コミサイトもそのひとつです。

創業者は、ハーバード大学を卒業後にマイクロソフトへ入社し、ワイン好きが高じて2003年にセラートラッカーを立ち上げています。

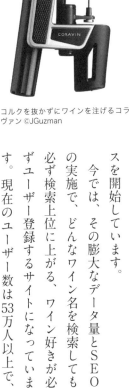

単なる趣味の一環としてデータ・プログラムを開発していたのですが、たちまちユーザー数が100人を超え、6万本ものデータが登録されたことから、2004年には本格的にセラートラッカーのビジネスを開始しています。

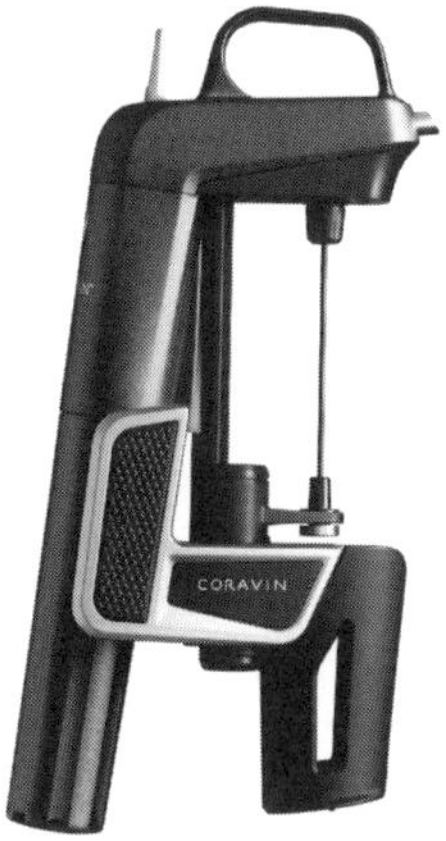

コルクを抜かずにワインを注げるコラヴァン ©JGuzman

今では、その膨大なデータ量とSEOの実施で、どんなワイン名を検索しても必ず検索上位に上がる、ワイン好きが必ずユーザー登録するサイトになっています。現在のユーザー数は53万人以上で、

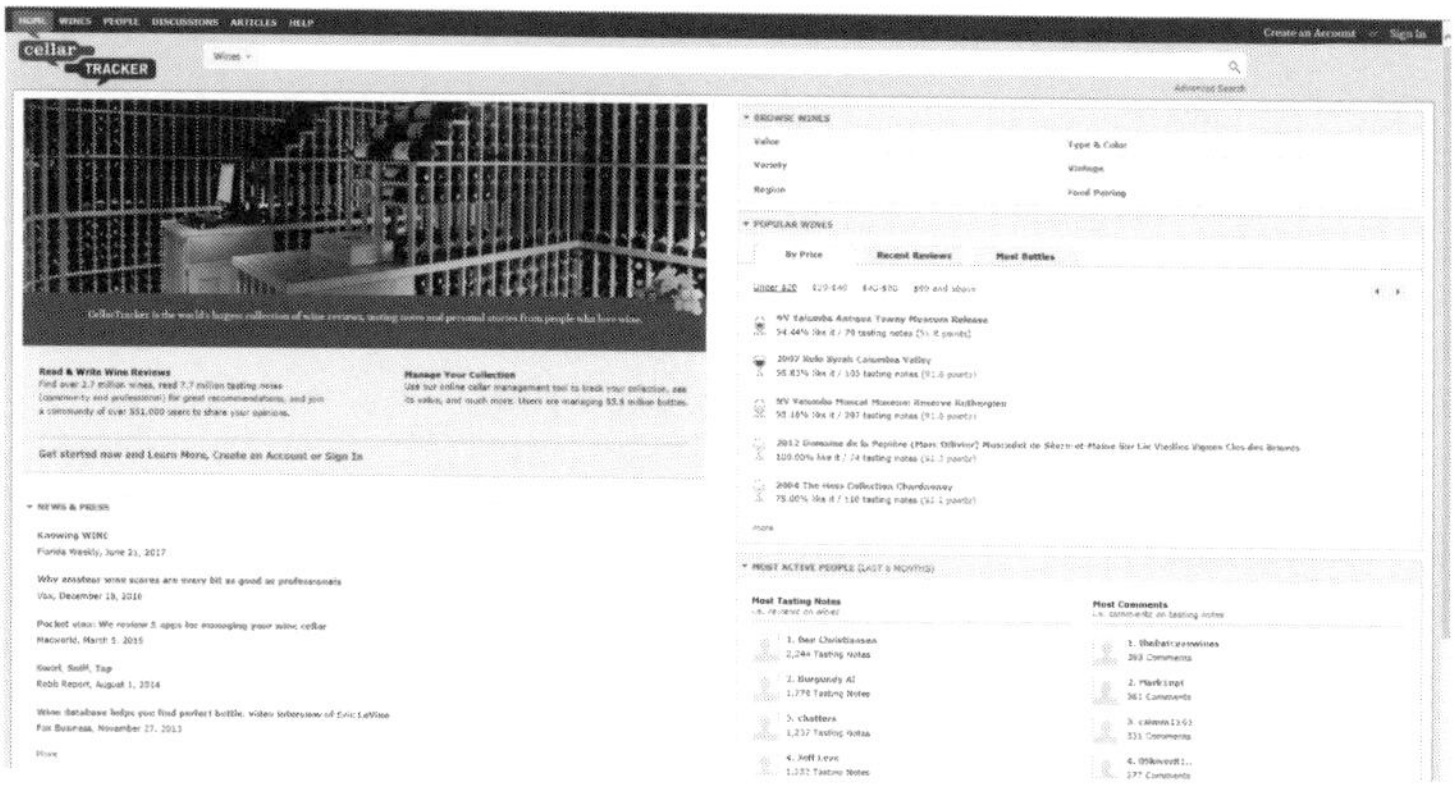

セラートラッカーのトップページ

ワインの銘柄数は約２６０万、テイスティングのコメントは７４０万を誇ります（２０１８年現在）。

また、オンライン上で高級ワインの取引を運営するロンドンのLiv-ex社は、高級ワイン１００銘柄や５大シャトー50銘柄など、投資のポートフォリオに組み込まれる銘柄の取引価格を指数化し、その推移を発表しています。

ナスダックやニューヨークダウ指標との比例や、経済的背景などでワインの価格が大きく左右されることを細かく数字で表わし、世界中のワイン関係者がLiv-exの情報を日々チェックしています。

Liv-exの２名の創業者も、もともとは投資とファイナンス関係をバックグラウンドに持ち、その将来性を見込んでワインビジネスへと転身しています。

ワインの需要性と希少性に注目し、自社ブランドを高める企業も出てきています。アラブ首長国連邦のドバイを本拠地とするエミレーツ航空は、その価値をいち早く見出した企業のひとつです。

エミレーツが高級ワインの購入に踏み出したのは２００６年のことでした。この年、エミレーツは６億９千万ドルを投じ、１２０万本のワインを購入しています。エミレーツは２０万本のワインを保管可能な巨大セラーも完備し、乗客に向けた年間１１４０万本のワイン供給を可能にしたのです。２００６年といえば、ワイン業界で空前の高級ワインブームが起こった時期でしたが、中国市場が開かれる前ではあったので、タイミング的にはいい時期にワイン投資を始めたと言えます。

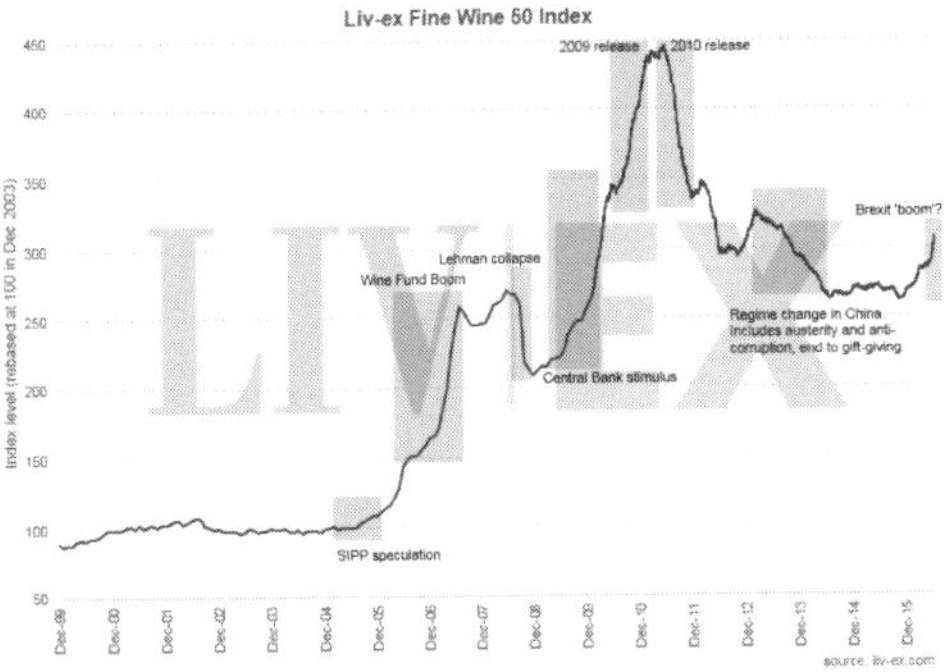

Liv-ex社が提供しているチャート。このチャートでは、リーマンショックなどの大きな出来事とワインの価格の関係を表している

さらに２０１４年にエミレーツは新たに5億ドルを投じ、10年の歳月をかけた高級ワインの長期購入計画を発表しています。すでにエミレーツで

は、高級ボルドーワインを数多くストックしていましたが、今後はボルドーのプリムールをより強化し、長期熟成を経たレアなワインと機内食とのマリアージュを乗客に提供するとのことです。

購入資金の回収を急ぐ必要がないのであれば、エミレーツのようにワインを若い時期に購入し、長く寝かせるのが理想の投資スタイルです。ワインは、急に年代物をつくれない商品なので、何十年後には価値の高いワインとなるのです。いずれは、エミレーツの機内でしか飲めないワインも出てくるかもしれません。

そして2015年には、1億4千万ドルに相当する1300万本以上のニューワールドワイン（オーストラリア、ニュージーランド、カリフォルニアなど）を購入し、拡大する路線に合わせてワインのバラエティを充実させています。今後もエミレーツ航空が誇るワインプログラムはさらに充実していくことでしょう。

ワイン業界に衝撃が走ったルディーの偽造ワイン事件

こうしてビジネスや投資でも盛り上がりを見せるワイン業界ですが、お金のにおいがするところに必ず現れるのが、人をだましてお金儲けをたくらむ人たちです。古くはイタリアの人気ワインであるキャンティが粗悪なワインに悩まされましたし、中国市場が盛り上がった際にも多くの偽造ワインが出回っています。

2012年にも、ワイン業界を揺るがす大事件がありました。アメリカのワイン愛好家・ルディーが起こした偽造ワイン事件です。

ルディーをオークション会場で見かけるようになったのは2001〜02年ごろでした。落札者のほとんどを白人男性が占めていた当時、派手に落札を繰り返すアジア系のルディーは多くの注目を集めました。

ルディーの存在を決定づけたのは、前述した2004年開催のドリス・デュークのオークションです。多くのメディアでひしめく会場に、高級ヨーロピアンスーツに身を包んだルディーが颯爽《さっそう》と現れ、お宝の数々を次から次へと落札していきました。その姿から、誰もが彼を本物のコレクターだと信じて疑いませんでした。

ルディーは常に冷静で、決して素性を明かすことはなく、常にミステリアスな雰囲気を醸し出していました。しかし一方で、BYOB（Bring Your Own Bottle・ワイン持ち寄り）の集まりでは、ロマネ・コンティやレアなワインを参加者へ振る舞い、交流を深める一面もありました。

惜しみなく高級ワインを振る舞うその姿から、オークションスタッフたちのあいだで「ルディーは大富豪の息子らしい」という噂が流れていたほどです。しかし、今思えばこのときに持参したワインも偽造だったのかもしれません。

こうしてルディーは、ワイン仲間の輪を広げ、着々と信望を集め、偽造ワインの販売網を増やしていったのです。

ルディーは、多くのオークションハウスからプレオークションディナー（オークション前日の招待客向けのディナー。高級なワインが多く振る舞われる）へ招待されていたので、本物の味をよくわかっていました。その経験から、彼は安価なワインを古いロマネ・コンティ風、シュバル・ブランの90年風、アンリ・ジャイエ風などと表現できたのでしょう。

逮捕後に発表されたＦＢＩのレポートからルディーの偽造ワインレシピが明らかになりましたが、彼は安いチリワインに古いポートワインをブレンドし、ハーブを細かく刻んで入れ、隠し味に醤油を数滴垂らしていたようです。これでワイン専門家も騙《だま》せるフェイク高級ワインの出来上がりです。偽造するワインに合わせて、チリワインをカリフォルニアワインに変えたり、微妙にブレンディングやハーブを調整したりもしていました。

ルディーがラベルづくりで一番苦労したのはペトリュスだったそうです。ペトリュスは特殊な紙に特殊な印刷を施し、さらには数年に1度微妙にデザインを変えています。ルディーが、地元のインドネシアで手触りや色が近い紙を調達し、密かにこのペトリュスの偽造ラベルを印刷していたことも明らかになっています。

また、本物のボトルに調合したワインを詰め替えてもいたようです。今思えば、プレオークションディナーや実際のオークション中に振る舞われた本物のワインの空瓶を持ち帰っていたのかもしれません。

こうして、ルディーの偽造ワイン造りに拍車がかかっていきました。2006年には、ニューヨークでルディーのシングルオーナーコレクションが開催され、2日間で約2600万ドルという売上が記録されています。

しかしこの頃から、彼のワインにはフェイクが多いという噂がよく聞こえてくるようになりました。実際、2007年にルディーがクリスティーズに出品しようとした1982年産のルパンは、偽造と判断されオークション2日前に取り下げられています。

2008年には、ブルゴーニュの造り手であるドメーヌ・ポンソの「クロ・サン・ドニ」を、1945~71年産のヴァーティカルロットで出品しています。ヴァーティカルロットとは、同じワインをヴィンテージ違いでまとめて出品することであり、レアなポンソのヴァーティカル好きを狙った出品でした。

しかし、この出品が彼の転落の始まりとなります。彼の出品に対して、ポンソの当時のオーナーであるローラン・ポンソ氏から、「1982年産が最初のヴィンテージであり、出品された45～71年産は存在しない」とクレームが入ったのです。

さらにその直後、アメリカの大富豪ビル・コッチ氏が、オークションで購入したルディーによる出品の1947年産のペトリュス、1945年産のミュジニー、1934年産のロマネ・コンティの真贋に対して訴えを起こしました。

そして、ついに2012年3月8日の朝、カリフォルニアの自宅でルディーは逮捕されました。FBIが踏み込んだルディーの自宅からは、所狭しと並べられた高級ワインの空瓶をはじめ、インドネシアで印刷したラベル、コルク、スタンプ、細かく記した取引記録などが見つかったようです。ルディーには10年の禁固刑が言い渡され、この全米を揺るがした偽造ワイン事件は幕を閉じました。

この事件により、偽造ワインを販売したオークションハウスも大きく信頼を失うことになりました。その教訓を生かし、今では、どのオークションハウスでも真贋に少しでも疑いがある

ルディーがつくった偽造ワインの一部。素人目にはその真贋を見極めるのが難しいくらい、巧妙なつくりとなっている

ものは決して出品を認めないようにしています。

ニューヨークに本社があるオークションハウス「ザッキーズ」では、ＦＢＩも認めるワイン鑑定家を雇い、ワインの真贋を一本一本注意深く確認するほどです。また、空瓶を持ち帰られないよう、飲み干したボトルのラベルに落書きをし、再利用防止にも取り組んでいます。

皮肉にも、偽造ワインを流通させたルディーによって、オークションハウスはより信頼できる体制が整えられたのでした。

日本は偽造ワインの温床だった⁉

ルディーのワインを偽造だと証言したのがワイン業界のシャーロック・ホームズとも言われる鑑定家モウリーン・ダウニー女史でした。彼女によると、ルディーは偽造ワインで約１２０億円もの大金を稼いだと言います。

そして、その被害はまだまだ拡大しているようです。ルディーがつくった偽造ワインのうち、６００億円相当が世の中にまだ出回っていると言われています。ＦＢＩによって回収された偽造ワインはごく一部に過ぎず、多くの偽造ワインはいまだに行方がわからなくなっているのです。

アメリカやヨーロッパではルディー逮捕のニュースが連日連夜大きく取り上げられたため、レアなワインに飛びついていたコレクターたちは、来歴がはっきりしないワインの購入を控えるようになりました。

そして、行き場を失った600億円相当の偽造ワインはアジアに流れていきます。中国に大量に流れたと思われたルディーの偽造ワインですが、中国ではすでに自国で粗悪な偽造品がつくられ、素性や経緯が曖昧なワインへの警戒心が植え付けられていました。

そこで目をつけられたのが日本です。モウリーン・ダウニー女史は、ルディーの偽造ワインが大量に日本へ入ってきていると推測しています。彼女は、偽造ワインに懐疑心が弱い日本のマーケットを心配していました。

実際、私も1934年産のロマネ・コンティの偽造ボトルを日本で見たことがあります。1934年産のロマネ・コンティは、2004年に開催されたドリス・デュークのオークションの目玉として出品され、私は何度も手にして見ていたので、その真贋はすぐにわかりました。明らかにルディーがつくった偽造ワインと同じラベルが使われ、コルクをかぶせるロウの部分は非常に粗末なつくりだったのです。

しかし、実際に本物のボトルを目にしたことがなければ、偽造だと判断するのは難しいでしょう。特に、古いワインのラベルは簡単に模造することが可能です。印刷技術もフォントも複雑ではなく、色あせたような色で印刷をすれば年代物のラベルに見えてしまうからです。

当時のラベルは特別な紙を使用していないため、古ぼけたようにするために何度もヤスリでこすり、古く劣化したワインをわざとラベルにこぼしてシミをつければ、簡単に偽造ラベルが出来上がってしまいます。

コルクについても、古く見せかけたものを使用するか、コルクが見えないようにロウで固めれば素人目にはそれが偽物かどうかはわからないでしょう。本物とフェイクを比べればその違いは明らかですが、偽造ボトルを見ただけで判断するのは難しいと言えます。

日本で高級ワインを購入する際は、素人目で判断するのは避けたほうがいいでしょう。信頼できるワインショップで購入するか、もしくはオークションを通して購入することをお勧めします。

初心者のためのワイン講義 ❼

知っておきたいワイン保存の7か条

ワインを保存するうえで大切なのは、次の7点です。

① 13℃前後の温度を保つ
② 強い光を当てない
③ 湿度60％以上を保つ
④ ボトルを横にする
⑤ 風を当てない
⑥ 他の匂いを近づけない
⑦ 振動を与えない

まず、大切なのは温度を13℃前後に保つこと。温度が低すぎるとワインの熟成が遅れ、高すぎるとワインの成分や酸化防止剤が化学反応を起こし、ワインが変質します。また、強い光もワインの熟成を早めるので、日光はもちろん蛍光灯の光にも注意が必要です。

湿度を最低60%に保つことも重要です。湿度が低すぎるとコルクが乾燥して縮み、その隙間から空気やバクテリアが入ってワインが酸化・変質してしまうからです。ワインを保存する際は、必ずボトルを横にしますが、これもコルクが乾燥しないよう、常にワインと接触させるためです。また、風が当たるとコルクが乾燥するので、風に当てないことも大切になります。

また、ワインはとても繊細な飲み物です。強い匂いのものが近くにあると、コルクに匂いが移り、そこからワインの香りが変質することもあります。また、振動によってもワインは劣化するので、あまり動かさないことも大切です。

このように、ワインの保存には細心の注意が必要となります。小さなワインセラーであれば、2~3万円前後で買えるものもあるので、ぜひこれを機にワインセラーの購入を検討してみてはいかがでしょうか。

EW WORLD

未来を担う期待のワイン生産地

なぜ、フランスの一流シャトーは「チリ」でワインをつくるのか?

近年、ワイン新興国と呼ばれる歴史の浅い産地でも品質の向上がめざましく、安くて美味しいワインがつくられています。その中でも、特に評価を上げているのがチリワインでしょう。

チリでワイン造りが発展した背景には、19世紀後半にヨーロッパの産地を襲ったぶどう害虫(フィロキセラ)の発生があります。害虫の発生によってワインの生産が不可能となったヨーロッパ各国の醸造家たちは、フィロキセラの被害に見舞われていない土地を求め、新大陸チリへと渡っていきました。
南北に伸びるアンデス山脈の傾斜や谷間に広がるぶどう畑は地形的に害虫が侵入しにくく、チリは唯一フィロキセラの被害を受けていない産地だったのです。害虫の被害で国外から渡ってきた多くの醸造家、そして地元の人々によって数々のワイナリーが設立されていきました。

実は、ワイン新興国のチリでも歴史あるワイナリーは数多くあります。しかし、その醸造技術がうまく受け継がれず、質の向上がうまく進みませんでした。また、チリでは安い人件費によって生産コストを抑え、低価格のワインが生産できるのですが、一部の地元の人々がその安い人件費を利用し、低品質・低価格のワインを大量生産してしまいました。その結果、「安かろう、悪かろう」というイメージが定着し、長年その地位を向上できずにいたのです。

特に1990年代までのチリワインの立ち位置は、決して安定したものではありませんでした。チリワインの大きなマーケットであったアメリカでも、味は二の次の安いワインが自国で生産され始め、チリワインのポジションが危ぶまれていたのです。ワインの陳列にも階層がありますが、当然、チリワインはあまり目立たないセクションにあてがわれていきました。

しかし一方で、チリの多くのワイナリーが広いぶどう畑と巨大な販売網を持っていました。その可能性に目をつけたのがフランスの銘醸シャトーです。彼らは、醸造技術の欠けるチリのワイナリーに提携を持ちかけ、その巨大な販売網で良質なワインを販売すべくチリへの進出を始めたのです。

たとえば、1750年創業のチリのワイナリー「ロス・ヴァスコス」は、ボルドーの5大シャトーのひとつシャトー・ラフィット・ロスチャイルドのラフィットグループの傘下になりました。ボルドーシャトーの最高峰の技術を持った新しいチリワインが誕生した瞬間です。

ボルドーの1級シャトーにも引けを取らない高品質な味わいでありながら、価格はボルドーの10分の1程度という新生ロス・ヴァスコスワインは、そのコストパフォーマンスのよさから瞬く間に人気に火がつき、アメリカで爆発的な人気を誇りました。

ラフィットグループの傘下となったロス・ヴァスコスのワイン

シャトー・ムートン・ロスチャイルドも、チリ最大のワイナリー「コンチャ・イ・トロ」と組み、アルマヴィヴァを生産しました。ムートンはすでにカリフォルニアのロバート・モンダヴィ社とのジョイントベンチャーで大成功を収めており、そこで生まれたのがご存じの通りオーパス・ワンでしたが、その第2弾としてチリの老舗ワイン会社と組み、アルマヴィヴァが生み出されたのです。ボルドー品種のカベルネソーヴィニヨンを主体とした、フランスシャトーとチリの合作プレミアムワインは売れ行きも好調で、今ではオークションに出品される高級ワインの仲間入りを果たしています。

こうして、90年代後半にフランスの銘醸シャトーがチリへ進出したことで、チリの「安かろう、悪かろう」というイメージは、徐々に「ポテンシャルの高い産地」というポジティブなものへと変わっていきました。

その後、チリには多くの資本が流れ、品質の立て直しや新生ワイナリーの設立が相次ぐことになります。そしてチリワインの悪いイメージは払拭《ふっしょく》され、「安くて美味しい」というイメージが定着していったのでした。

「シャトー・ムートン・ロスチャイルド」×「コンチャ・イ・トロ」によるアルマヴィヴァ

日本でも安くて美味しいと評判のチリワインですが、日本でチリワインが特に安い理由としては、チリワインの日本での関税の安さがあげられます。日本にワインを輸入するためには15％ほどの関税がかかりますが、チリは２００７年に日本との間で発行されたＥＰＡ（経済連携協定）によって段階的に関税が下がっており、２０１８年現在では１・２％です。さらに２０１９年には、関税ゼロになることも決まっています。

そのため日本ではチリワインの輸入が急増し、２０１６年にはフランスやイタリアワインを抑えて輸入量がトップとなっています。日本での輸入銘柄トップとなったサンタヘレナ社が手掛ける「アルパカ」や、コンチャ・イ・トロ社の「サンライズ」など、安価なのに安定した品質を保つ銘柄がワインショップやスーパー、コンビニなどに置かれ人気を博しています。

チリワインの中でも、特に安くて美味しいで有名なワインといえば「コノスル」でしょう。１９９３年設立のコノスルは、新興国らしく新しい発想でテクノロジーを駆使し、革新的なワイン造りを目指しました。とにかく値段を抑え、質が高くカジュアルに楽しめるワインを目指し、運営を進めていったのです。

大量生産型のワイナリーには珍しく、２０００年にはオーガニック農法のプログラムも開始しています。コノスルはぶどう畑を自転車でまわる徹底した意気込みを見せ、この自転車はコノスルのシンボルにもなりました。今ではコノスルのラベルに自転車が描かれています。

さらに、コノスルはこの「自転車」を利用し、斬新なマーケティング戦略で世界的ブランドへと発展していきました。

コノスルが目をつけたのは、フランスでおこなわれるツール・ド・フランスです。日本ではあまり馴染みがないかもしれませんが、観客総数１２００万人を誇る、オリンピックやワールドカップに並ぶ世界３大スポーツ競技大会のひとつです。

選手たちは約３週間をかけ、フランス国内３３００kmほどを自転車で走ります。フランス各地のぶどう畑をライダーたちが走り抜ける光景は圧巻で、私も毎年この時期を楽しみにしています。

ツール・ド・フランスの開催規模、メディアの露出、世界中の注目度は突出しており、自転車がシンボルのコノスルはこの知名度を狙いました。２０１４年には、ワイン業界で唯一のオフィシャルスポンサーになり、グランデパール（スタートステージ）では開幕の前後にさまざまなプロモーションイベントを開催しています。

自転車マークが特徴的なコノスルのラベル

２０１４年のコースは、イギリスのリーズをスタートし、ケンブリッジ、ロンドンを抜けてフランスへ入るコースでしたが、グランデパールとなったイギリスでのコノスルの売上は前年比で73・6%も増加し、コノスルの戦略は見事大成功となりました。

ちなみに、チリのお隣の国アルゼンチンのワインも最近よく目にする新興国ワインです。チリとの国境に走るアンデス山脈の麓にワイン産地が広がるアルゼンチンでは、チリと同様に害虫がつきにくいため、無農薬でぶどうを栽培するワイナリーが多く存在します。

また、南半球に位置するアルゼンチンは、ぶどうの収穫やワインの出荷時期が北半球と異なるためビジネス的なメリットもあり、1990年代には外国の資本が流れて大量生産可能な近代的醸造施設が確保されました。そして今では、生産量で世界第6位（2017年）を誇るワイン大国になっているのです。

アルゼンチン最大の産地はメンドーサ地方で、アルゼンチンでつくられるワインの3分の2以上がここで生産されています。

アルゼンチンの主要品種はマルベック種です。マルベックは赤ワインに使われる他の品種に比べると色がとても濃く、一見すると重厚な味わいが想像されます。しかし実は軽やかな味わいで、見た目とのギャップの大きい品種としても有名です。

ブルゴーニュをしのぐ高いポテンシャル⁉
ニュージーランドワインの驚きの実力

ニュージーランドも、歴史が浅いワイン産地のひとつです。ニュージーランドでワイン産業が発展したきっかけは、1840年代にイギリスの植民地となり、ぶどう畑が開墾されたことにありました。気候にも土壌にも恵まれたニュージーランドは、良質なワインの生産を期待され、その歴史をスタートさせたのです。

しかし、第2次世界大戦後のニュージーランドで水や砂糖を加えた粗悪ワインが出回ったことで、ニュージーランドワインには悪いイメージが定着してしまいました。

これにより長らく低迷したニュージーランドのワイン造りでしたが、1980年代には国内大手ワイナリーがつくる白ワイン（ソーヴィニヨンブラン種主体）が世界のワインコンクールで優勝し、改めてニュージーランドワインの可能性が見直されることになります。

カリフォルニア州のナパなどの銘醸地に比べて不動産がはるかに安いニュージーランドは、その将来性を認められて投資も集まるようになりました。世界各国の醸造家がニュージーランドで本格的なワイン造りを始め、ニュージーランドワインはこの20年で劇的な品質の向上を遂げたのです。

最近では、ニュージーランドの赤ワインにも注目が集まっています。多くの研究者たちが、ニュージーランドの土壌と気候はぶどうの栽培に適しており、特にニュージーランドのピノノワールは、ブルゴーニュのピノノワールを超えるだろうと予測しました。

実はピノノワールは栽培が難しいことで有名で、その他のワイン新興国ではうまく栽培できていない現状がありました。ニュージーランドはその栽培を成功させられる環境と期待されたのです。ピノノワールを使った超高級ワインといえばロマネ・コンティですが、近い将来、ロマネ・コンティのような高級ワインがニュージーランドから生まれてくるかもしれません。

こうして世界的にも評価を集め始めたニュージーランドワインは、そのほとんどが国外に輸出されています。以前はアメリカ、イギリス、オーストラリアが主な輸出先でしたが、現在はワイン消費が増えたアジア諸国への輸出も増え、アジアでもニュージーランドワインが好評を博しています。ニュージーランドでも経済が好調なアジア諸国への輸出を拡大するために、さらに投資を集め、ぶどう畑を拡張する生産者が増えてきました。

また、最近ではニュージーランド在住の日本人醸造家も増えています。オーガニック農法や自然派にこだわったきめ細かなワインを醸造する彼らのワインは、海外でも評判のようです。

ちなみにニュージーランドワインでは、高級ワインでもデイリーワインでも、そのほとんどの銘柄で、コルクではなくスクリューキャップが採用されています。ワインオープナーがいらず手軽に楽しめるスクリューキャップは、「コルクに比べると味が落ちるのではないか？」と思われがちですが、そんなことはありません。

スクリューキャップが出回り始めた当時は「安っぽい」「劣化しやすい」「ワインのペットボトル」といったネガティブなリアクションが起こり、ワインラヴァーたちが一様に異を唱えましたが、実際に使用してみるとそれほど悪いものではなく、ワインによってはスクリューキャップを採用すべきだ、というスクリューキャップ推進派も増えてきました。

スクリューキャップが採用されているニュージーランドワイン

コルク派とスクリューキャップ派の議論において、コルク派が主張するのは熟成に関する指摘がほとんどですが、スクリューキャップでも適度な空気の出入りが起こるので、ゆっくりと熟成は進んでいきます（長期熟成には不向きですが)。

スクリューキャップ派は、資源の無駄とコルクによるブショネ(コルクについたバクテリアによる酸化)をあげます。全世界のワインには、コルクが原因で酸化しているものが3~7%あると言われているからです。

ただし、高級ワインはコルクによる腐敗がないように高価なコルクを使用しているので、滅多にブショネになることはありません。

中国人がこぞって欲しがるオーストラリアワインとは?

さて、このスクリューキャップを世界で初めて採用したのがオーストラリアワインだということをご存じでしょうか?

オーストラリアもニュージーランドと同様に、イギリスからぶどうがもたらされた国です。戦後、ぶどう栽培やワイン醸造の知識を持つフランス、イタリア、ドイツからの移民が増えたオーストラリアは、新興ワイン大国への歩みを着実に進め、19世紀後半からは本格的なワイン造りを始めています。

徐々にワイン産業の成長を推し進めてきたオーストラリアでは、2017年にはワインの輸出量・金額で過去最高の記録を出しています。輸出額は前年に比べ15％上がり、数量では8％増です。特に中国に向けての輸出量が63％増え、1本200ドル以上のワインにいたっては67％も増加しています。

輸出増加の背景には、2015年の自由貿易協定によるワインの関税引き下げがありました。2019年にはこれが完全撤廃されるため、さらにその数は増えることでしょう。

さて、オーストラリアではシラーズ種を使用したワインが主力ですが、その中でも最高峰と言われるのがペンフォールズ社の「グランジ」です。ペンフォールズ社の設立は1844年で、イギリスから移民してきた医師がサウスオーストラリア州に診療所を設立したことがその始まりとなりました。

ペンフォールズ社がつくるグランジ

当初は、医療用の酒精強化ワインをつくっていた同社ですが、後に一般消費用のワインへとシフトしていき、今ではオーストラリアトップの生産量と知名度を誇るワイナリーになったのです。

グランジはファーストヴィンテージから数々の高評価を得ましたが、決定的だったのは2008年にパーカーポイント100点を獲得したことでした。これを機に、グランジの人気は一気に高まりました。

特に中国市場から絶大な人気を集め、パーカーポイント100点の2008年産グランジは縁起物としても人気を博しました。中国人にとって2008年は北京オリンピックの年であり、ラッキーナンバー「8」もつく特別な数字なのです。

中国からはグランジにまつわる桁外れの逸話が多く聞こえてくるようになり、バカラゲームで大儲けした中国人が、一晩で19万オーストラリアドル分（約1500万円）、約200本のグランジを飲み干したというニュースも話題になりました。また、中国で偽造グランジを3千ケース売りさばき、約5億円も荒稼ぎしたという事件も起きています。それほどグランジは、中国で人気を博しているのです。

中国市場のお気に入りとなったグランジは、高額な値段で中国に流れるため、今やイギリスやアメリカでは入手困難になっています。

ワイン業界のユニクロ「イエローテイル」の革新性

世の中には約3万ものワイン銘柄が存在していると言われています。ワインには生産年（ヴィンテージ）があるので、その数まで入れればワインの種類は膨大な数になります。

そのためワイン市場は、競争の激しいレッドオーシャンなマーケットです。消費者に選ばれるのは並大抵のことではありません。確固たる立ち位置を勝ち取るには、さまざまな戦略が必要になります。

ワイン通をターゲットにした高級ワイン路線に徹するのか、はたまた幅広く受け入れられるテーブルワインとしてのブランドを確立するのか――。それぞれのワイナリーが、日々さまざまな戦略を練っています。

しかし、それも一筋縄ではいきません。こだわりを持つワイン通は、価格だけではなく、産地やヴィンテージ、ぶどうの品種、評論家や口コミのコメントなども考慮に入れ、お気に入りの1本を選びます。

また、お気に入りが見つかっても別の銘柄を選び冒険を楽しむのがワイン通の傾向であり、気まぐれな消費者の心をつかむのは簡単ではありません。単純に価格競争に徹したとしても、結果的に共倒れになってしまいますし、レッドオーシャン市場で大手企業に飲み込まれていくケースも少なくないのです。

そんな厳しい競争のなか、アメリカで輸入ワインナンバーワンを獲得したブランドがあります。オーストラリアで生産される「イエローテイル」です。お手ごろな価格に加え、常に一定の品質を保つイエローテイルは、ワイン業界のユニクロ的な存在で、幅広いファンを獲得しています。

イエローテイルは、１９５７年にイタリア・シチリアからオーストラリアへ移住したフィリッポとマリアのカセラ夫妻により生まれました。

イエローテイルがアメリカに受け入れられ、ナンバーワンとなった要因は「ブルーオーシャン戦略」に徹したことです。イエローテイルは「気楽に楽しく飲む」というコンセプトに徹し、それまでワインのメインターゲットとなっていた上流層ではなく、ビールやカクテルを飲んでいた層に狙いを絞りました。

ぶどう品種や熟成などにこだわらず、広告宣伝も明るくポップなイメージに徹し、「ただシンプルに、手軽に楽しむ」というコンセプトを一貫して出し続けたのです。

ワラビーのデザインが特徴的なイエローテイルのラベル

その戦略は見事にはまり、２００１年に初めてアメリカでイエローテイルが販売された際には、当初の予定数をはるかに超える１００万ケース（１２００万本）もの販売数を達成しています。

実際、その年からはニューヨークのデリでもイエローテイルをよく見かけるようになりました。ニューヨークには日本のコンビニのような「デリ」と呼ばれる24時間営業の小さなスーパーがあります。全体的に古くて暗いお店が多く、売れ筋やトレンド商品を並べることはありませんが、マンハッタンのいたるところにあり、ニューヨーカーのほぼ全員が利用している生活に密着したお店です。

私も、今までビールしか扱っていなかったデリでワインを見たのは初めてだったので、イエローテイルが並んだときのことはよく覚えています。イエローテイルがワイン好き以外を狙っていたのは明らかでした。

急速にその人気を高めていったイエローテイルは、2003年には全世界で500万ケースの販売を達成しています。2006年には1時間に3万6千本もの瓶詰めが可能な世界一速い生産ラインを導入し、2008年には売上が1千万ケースに達しています。そして現在では、全世界で10億本も飲まれる世界的なブランドになったのです。今でもニューヨークの街に行くと、ワラビーをデザインしたかわいいイエローテイルのラベルがいたるところで目につきます。

日本のワインは世界に通用するのか？

今、最もホットなワインと言われるのが中国産ワイン「アオユン」です。ファーストヴィンテージが2013年と歴史の浅いアオユンですが、2013年産の6本木箱入りは、さっそく2017年には香港のオークションに出品されています。

そこでは、アオユンをめぐり中国人バイヤー同士が競り合いを繰り広げ、予想をはるかに超えた約26万円で落札されました。スタッフは皆、その高額落札に驚いていましたが、私は中国人が自国のワインを競り合う姿に驚きました。それまで必死にフランスワインを落札していた人たちがプライドを持って中国産ワインを落札する姿が誇らしげに見えたのです。

さて、このアオユンは中国の雲南省でつくられています。アオユンはLVMHグループの傘下であり、グループ初の中国産ワインとして2009年にそのビジネスをスタートしました。

LVMHのスタッフや関係者、専門家たちが広い中国全土をまわり、4年もの年月をかけて見つけた赤ワインに最適な土地は、伝説の理想郷シャングリラの近くでチベット自治区に隣接したヒマラヤ山脈の麓でした。LVMHはその土地を理想のテロワールとしてワイン造りを開始したのです。

高級中国産ワインとして話題を集めるアオユン

最も高い場所にある畑は標高2600メートルにも及ぶため、移動用の車に酸素ボンベを積んで畑へ向かうなど、その環境は過酷です。また、畑のあるヒマラヤ山脈の麓からシャングリラ市までは4~5時間かかり、長時間かけてワインを運ばなければなりません。

このようにとても手間のかかるワインではありますが、アメリカでの販売も好調で、ますます今後の動向から目が離せません。

また、同じアジアといえば、私たちが住んでいる日本のワインも最近ではめざましい進歩を遂げています。

数年前まで日本のワインへの評価は、「味が薄い」「香りがなくて水っぽい」というひどいもので、海外の評論家からは酷評されっぱなしでした。薄味の日本食に合わせた軽さが売りだったわけですが、しっかりした味を飲み慣れていた海外の評論家たちは物足りなく感じたようです。

また、海外から輸入したぶどうや濃縮果汁を使用したワインを製造・販売するなど、その質も決してよいとは言い難いものでした。

私も、以前「無添加」「有機栽培」と大きくラベルに書かれた安価な日本ワインを飲んだことがありますが、明らかに人工着色料を使用した人工的な味で、「オーガニックワイン」と誤解させるような表示のゆるさに戸惑いました。

しかし、こうした日本のワイン事情が近年大きく改善されてきています。日本でも、2015年にワインの品質とブランドを守る基準が定められ、2018年10月からはその基準が適用される予定です。古くからワイン法が定められていた海外の産地にはかなり遅れをとりましたが、ようやく世界に通用するワイン造りの環境が整ってきたと言えます。

これまでは輸入したぶどうを使用しても「国産ワイン」と表示できましたが、今後は、「日本ワイン」と表記するために100%日本国内のぶどうを使用しなければならなくなりました。また、産地をラベルに記載する場合も、その地域で育てたぶどうを85%以上使用した場合に限られます。ワイン伝統国の歩んできた道を、ようやく日本も歩み始めたのです。

そんな未来が明るい日本における最大のワイン生産地が山梨県です。大小のワイナリーが80ほどあり、国内の約3割のワインがここで生産されています。山梨県の中でも特に有名な産地は「甲州」で、明治時代からワイン造りが続いている地域です。

甲州で生まれた日本の土着品種には「甲州ぶどう」がありますが、もともと甲州ぶどうは個性がなく、糖分が出しにくい品種だと言われてきました。しかし、最近はぶどうの栽培技術や醸造法が改善され、甲州ぶどうの個性を引き出した素晴らしいワインがつくられています。

甲州に限らず、日本の得意なモノづくりの技術を駆使すれば、ますます日本ワインの品質は高まり、海外の銘醸ワインと同等の味わいをつくり出せることでしょう。

ただし、日本のワインが世界に認められるためには、日本国民のサポートも必要です。自国でワインを消費しなければ、その文化が花開くことはありません。ぜひ海外のワインだけでなく、今後は自国のワインにも目を向けてみてください。

ワインのビジネスマナー

1. 乾杯ではグラスを当てない

乾杯の際にグラスを当てるかどうかは、使っているワイングラスにもよります。ビジネスディナーやフォーマルな席で使われる会場では、繊細な薄手のグラスを使用していることも多いので、勢い余って割れてしまわないよう、グラスを当てないほうが無難でしょう。繊細なグラスは少しの衝撃で割れてしまうことがあります。

ただし、グラスを当てて音を出すほうが縁起がいいと考える国もあります。ホスト役の方がグラスを当てて乾杯していたら、それに従ってください。

2. ワイングラスを汚さない

グラスを持つ際はステム（脚）の部分をしっかり持ちましょう。高級なグラスはとても薄くて繊細です。ボウルの部分を持って綺麗なクリスタルに指紋をつけたり、汚したりするのはマナー違反です。また、ボウルを鷲掴みにして飲むと相手に不快感を与えるので、優雅に飲むことも心得てください。

食事とともにワインをいただく場合は、グラスに食べたものがつかないように注意しましょう。特に脂っこいものを食べた際は、必ずナプキンで口を拭いてからワインを飲むようにしてください。グラスの飲み口が汚れてしまったら、そっとナプキンで拭き取りましょう。女性の口紅がグラスについてしまうのも感心できません。

3. 香りを楽しむ余裕を持つ

ワインを飲む際は、2~3回グラスを回して香りを楽しみながら飲む習慣をつけてみましょう。香りを楽しみ、ゆっくりと味わうこともマナーのひとつです。ビールを飲むようにガブガブ飲んでしまっては、せっかくのワインが台無しです。

4. グラスいっぱいにワインをなみなみ注がない

ゲストにワインを注ぐ際は、ホスト役の男性が注ぐようにしてください。赤ワインの場合はグラスになみなみ注がないようにしましょう。なみなみ注いでしまうとグラスを回しづらくなってしまいます。大きなグラスであれば、注ぐ量はグラス半分以下がいいでしょう。大きなグラスはボルドーやブルゴーニュなどの高級ワイン用のことも多いので、少しずつ注いでゆっくり味わっていただきます。

白ワインの場合、ワインの質やヴィンテージによりますが、常にグラスを回して空気に触れさせる必要がないので適量を注いでください。フルートグラスにシャンパンやスパークリングワインを注ぐ際は、グラスいっぱいに注いでも大丈夫です。

5. 急いでワインを注ぎ足さない

ワインは、空気に触れさせながら香りや味の変化を楽しむものです。少し減ったからといって、すぐに注ぎ足すのはやめましょう。特に空気に触れさせながら変化を楽しむ赤ワインでは、次々とワインを注ぎ足すのは考えものです。白ワインの場合でも、冷えたワインを注ぎ足すと温度が変化して味が変わってしまいます。

ただし、ゲストのグラスを空にしてしまうのもマナー違反なので、ゲストがワインを飲むスピードに配慮しながら、タイミングよく注ぎ足すようにしましょう。

6. お酒に強くない場合は……

ゲストで招かれた場合、あまりワインに強くないときは一言伝えて少なめに注いでもらいましょう。グラスいっぱいに注いでもらって残すのはマナー違反です。2杯目を注がれそうなときも、もう十分であればグラスを手で覆うジェスチャーをして断るようにします。

7. ワインのセレクトは皆の意見を聞きながら

もしあなたがワインのセレクト係に任命されてしまったら、まず皆さんの好みをうかがいましょう。赤なのか白なのかはもちろん、より具体的な好みも聞きたいところです。白なら酸味があるものとフルーティーなもののどちらが好みか、赤なら重いか軽いか、タンニンがしっかりしたものか、オールドワールドかニューワールドか、古いヴィンテージか新しいヴィンテージかなどを聞き、食事の内容も考慮して選びたいところです。

ただし、古いヴィンテージを選ぶのはリスキーなので、自信がなければ新しめのヴィンテージを選んだほうが無難です。古いヴィンテージの場合、どのように熟成されているか予想がつきづらいからです。保存状態、来歴によっても変化が大きく異なってきます。また、デカンタの必要性があったり、飲むタイミングによっても味わいが大きく変化します。

好みを聞いたら、予算に合ったワインを自分で2、3種類選び出し、選んだワインの中でどれがオススメかをソムリエと話し合ってみるといいでしょう。自分の経験と知識を蓄積するためにも、すべてソムリエ任せにせず、自分で選ぶことをお勧めします。自分が厳選したワインの味は忘れないものです。

8. テイスティングは、味の確認ではなく品質チェック

選んだボトルをテイスティングする場合は、美味しいか不味いかではなく、状態をチェックするためであることを心得ておきましょう。

新しいヴィンテージのワインであれば色と香りで判断し、じっくりテイスティングする必要はありません。若いワインは、明るいルビー色や真紅のしっかりした色合いで澄みきっていますが、品質に問題がある場合は濁っています。香りも好き嫌いはあっても、不快な香りは漂っていません。

古いワインの場合は、酸化していないかどうかをチェックします。劣化・酸化しているワインは明らかに香りも味も不快なので、すぐにわかるはずです。判断に迷った場合はソムリエに確認し、判断をゆだねましょう。

おわりに

私は今、弁護士向けのワインセミナーを毎月1、2回開催しています。その会では毎回テーマを決め、ワインの基礎知識からワイン投資、オークションの裏話まで、ビジネスや社交の場でも活用できるさまざまな内容を織り交ぜてお伝えしています。

アメリカと韓国からお客様をお迎えした会には、文中にあったカリフォルニアVS.フランスのブラインドテイスティングを企画し、再現しました。その会は大いに盛り上がり、国境を超えた仲間意識が芽生えたことに、ワインの持つ力を再認識させられました。

また、私は定期的に「ワイン部」というワイン好きが集まる会も開いています。職種、年齢、性別、国籍関係なく、ワインを通じてネットワークを広げ、ビジネスやプライベートに活用していただくための会なのですが、ここでもワインが取り持つご縁で多数の豊かな人間関係が生まれ、他のお酒とは異なるワインの不思議な力を感じるばかりです。

あるお客様からは、「ワインで夫婦の危機が救われたんだ」と感謝されたこともあります。以前、私がそのお客様にワインとリーデルグラスの関係性をお伝えしたところ、お客様はとても興味を持たれ、さまざまなグラスを購入されました。

グラスに合わせて高級ワインを選ぶようになったお客様のご自宅では、奥様がそのワインに合う手料理を毎晩披露されるように。そして今では、夜景を見ながら、毎晩奥様の手料理でロマンティックなディナーを楽しまれているようです。お客様は「毎晩、家に帰るのが楽しみなんだよ」と嬉しそうにおっしゃっていました。

長年ワインに携わるなかで、こうしたワインが持つ不思議な力には圧倒されるばかりです。ビジネスではもちろん、プライベートの関係にいたるまで、同じワインを分かち合い、語り合うことで不思議と新たなお付き合いが生まれ、関係が深まっていくのです。

この本ではワインの基礎知識だけでなく、さまざまな角度からワインを紹介してきました。これまでワインのことをまったく知らなかった人でも、本書によってワインがより身近に、そして面白く感じるようになったのではないでしょうか。

本書が、初心者の方にとってワインに興味を持つきっかけとなり、中級者の方にとってはより深くワインを知りたいと思えるきっかけとなったならば、これ以上に嬉しいことはありません。そして皆さんにも、ワインを通じて素晴らしいご縁が生まれることを願ってやみません。

最後に本書の編集を担当してくださった畑下裕貴さんに感謝を申し上げたいと思います。多大なアドバイスをいただき、この本を仕上げることができました。

また、文中の写真をご提供いただいたタカムラ株式会社の松誠社長にも深くお礼を申し上げます。そして、いろいろとご指導くださったNYのJ様、ワインをビジネスツールとして活用してくださったAOSテクノロジーズ社の佐々木隆仁社長にお礼を申し上げたいと思います。

渡辺 順子

2018年9月

［著者］
渡辺順子（わたなべ・じゅんこ）
プレミアムワイン株式会社代表取締役。1990年代に渡米。１本のプレミアムワインとの出合いをきっかけに、ワインの世界に足を踏み入れる。フランスへのワイン留学を経て、2001年から大手オークションハウス「クリスティーズ」のワイン部門に入社。NYクリスティーズで、アジア人初のワインスペシャリストとして活躍。オークションに参加する世界的な富豪や経営者へのワインの紹介・指南をはじめ、一流ビジネスパーソンへのワイン指導もおこなう。
2009年に同社を退社。現在は帰国し、プレミアムワイン株式会社の代表として、欧米のワインオークション文化を日本に広める傍ら、アジア地域における富裕層や弁護士向けのワインセミナーも開催している。2016年には、ニューヨーク、香港を拠点とする老舗のワインオークションハウスZachys（ザッキーズ）の日本代表に就任。日本国内でのワインサテライトオークション開催を手掛け、ワインオークションへの出品・入札および高級ワインに関するコンサルティングサービスをおこなう。著書に『日本のロマネ・コンティはなぜ「まずい」のか』（幻冬舎ルネッサンス新書）がある。

プレミアムワイン株式会社　http://premiumwine.co.jp/
渡辺順子 オフィシャル・ワイン・ブログ　http://junkowine.com/
Zachys（ザッキーズ）https://auction.zachys.com/

本文写真協力：タカムラ ワイン ハウス（p.43、73、77、81、100、102、105、106、135、146、148、150、159、230、231、233、237、239）Zachys（p.34〜38、46、48、50、70、71、74、82、93、97、133、139、141、166、190、192、196）

世界のビジネスエリートが身につける　教養としてのワイン

2018年９月19日　第１刷発行
2019年３月13日　第11刷発行

著　者——渡辺順子
発行所——ダイヤモンド社
〒150-8409　東京都渋谷区神宮前6-12-17
http://www.diamond.co.jp/
電話／03･5778･7236（編集）　03･5778･7240（販売）
装丁————渡邊民人（TYPEFACE）
本文デザイン・DTP—清水真理子（TYPEFACE）
本文イラスト—田渕正敏
製作進行——ダイヤモンド・グラフィック社
校閲・校正—あかえんぴつ
印刷————新藤慶昌堂
製本————宮本製本所
編集担当——畑下裕貴

ISBN 978-4-478-10661-7